U0931406

★男孩们的行动宝典★

西点军校给男孩的启示

★★★★★

WEST POINT

胡胜林◎编著

中国纺织出版社

内 容 提 要

现代社会的竞争越来越残酷，每个人都渴望成功，只有从小培养青少年坚定的信念与良好的素养，才能在众人之中出类拔萃。男孩子的求胜心更为强烈，但面对生活中的种种压力与困惑，却会陷入阵阵迷茫，现在，就让著名的西点军校告诉你该怎样做。

本书从如何确立目标与信念、如何高效率地学习和办事、如何面对生活挫折与磨砺等方面，给予有志向的青少年最系统详尽的指导，让孩子能够在生活中切实受益。

图书在版编目(CIP)数据

西点军校给男孩的启示/胡胜林编著.—北京：中国纺织出版社，2012.7（2024.4重印）

ISBN 978-7-5064-8081-9

Ⅰ.①西…　Ⅱ.①胡…　Ⅲ.①男性—成功心理—青年读物②男性—成功心理—少年读物　Ⅳ.①B848.4-49

中国版本图书馆 CIP 数据核字(2011)第 244345 号

策划编辑：曲小月　　责任编辑：胡　蓉　　责任印制：陈　涛

中国纺织出版社出版发行

地址：北京东直门南大街 6 号　邮政编码：100027

邮购电话：010—64168110　传真：010—64168231

http://www.c-textilep.com

E-mail：faxing@c-textilep.com

北京兰星球彩色印刷有限公司印刷　各地新华书店经销

2012 年 7 月第 1 版　　2024 年 4 月第 3 次印刷

开本：710×1000　1/16　印张：17

字数：197 千字　定价：78.00 元

前言 >>>

美国西点军校就是成功者的摇篮,西点军校因其培养出很多著名将领而为世人所知,同时,西点军校更是造就商界领袖的摇篮。“二战”后,在世界500强企业里,西点培养出来的董事长有1000多名,副董事长有2000多名,其他各类高级管理人才超过5000名。因此,西点军校堪称美国最优秀的“商学院”。在西点军校更是流传着这样一句豪言:“美国的大部分历史是由我们所培养出来的人才创造的。”

那么,是什么使西点军校取得如此骄人的成绩?是什么使西点毕业生成为成功者?西点军校对学生的训条是:准时、守纪、严格、正直、刚毅。在一些工商管理学专家看来,这些正是21世纪企业管理所必备的。可以说,西点军校本身就是一部值得所有男孩学习和研究的书,里面蕴藏着许多成功的大智慧。

没有任何借口:这是西点军校200多年来奉行的最重要的行为准则,是西点军校传授给每一位新生的第一个理念。一个真正的男人需要做到无所畏惧,面对成功和失败,乃至整个人生都没有任何借口。正是在这一理念的指引下,西点军校培养出了一代又一代真正的男子汉,并在各行各业取得了成就。

服从:每个军人必须以服从为第一要义。只有服从,才能做到自制,才能克服人性的很多弱点,成为一个具备较强领导力、执行力的人。

品德:西点军校要求学员具有良好的个人品德。这也是任何一个成功者在追求人生目标时所应具备的品质。

敢争第一:“不想当将军的士兵不是好士兵”,西点人永远有超出众人之外、敢于力争第一的心态。在他们身上所体现出来的这种精神,是一个人不断进取的标志,它不允许人懈怠,它召唤每个人向更高层次的方向去努力、去进取。

团结:西点军校有一些我们无法想象的训练制度,比如,一人犯错众人担,树立共同的责任感。但西点军校也强调个人的奋斗,为自己而奋斗。

……

当然,西点人能创造辉煌的原因远不止于此。作为当代的年轻人,男孩们,你也有必要走进西点军校的精神殿堂,用心研读一下这些西点人的成功之路。虽然我国的国情与美国不同,但是只要循着他们成功的足迹,你就会发现,不管你现在的地位如何,从事什么样的工作,只要你拥有了西点军人的那些成功的品质,你也可以和他们一样,超越自己,超越平庸,创造出属于自己的辉煌!本书将从西点军校对学员的行为要求入手,带你一起走上成功之路。

编著者

2012 年 5 月

目录

CONTENTS

第1章

忠诚守信，男子汉要有捍卫荣誉之心

——像西点军人一样重诺有信，荣誉至上

在西点校园的公园和广场内矗立着十几座纪念碑和铜像。其中一座展示了“西点之父”西尔韦纳斯·塞耶的英姿；华盛顿雕像则立在主建筑华盛顿大街前；麦克阿瑟的雕像挺立在麦克阿瑟大厅北面广场尽头。西点校训：“责任、荣誉、国家”。在西点人的眼里，荣誉是比自身生命更珍视的财富。的确，作为一个男子汉，应该像西点军人一样言而有信，具备良好的品质，并有捍卫荣誉之心，这是每个男孩立足于世的前提，也是获得精彩人生的首要条件！

★真诚守信为立世之根基

真诚守信是做人的原则，是一种正直的品格，历来受人推崇。莎士比亚有句名言："质朴比巧妙的言词更能打动我的心。"真诚是完美之根，生命之神。现代社会经济繁荣，竞争日益激烈，于是，有些男孩可能会产生这样的想法：人不为己，天诛地灭，真诚守信只不过是人际交往中的场面话而已。于是，有一些男孩开始质疑，这一品格真的还有那么重要吗？

答案当然是肯定的。一个人只有真诚守信，才能守信于人，也才能获得荣誉。要知道，人们在社会交往中，往往以诚信来判断、决定是否相处和交往，巧言令色、轻诺寡信是难以取得他人信任的。诚信是人与人之间沟通和相知的桥梁，诚信能够过滤自私和贪争，消除内心的忧痛，开阔狭窄的心胸，使亲情保持长久、友情增进纯真、爱情经受考验。这一点，西点学校的学员们早就告诉了我们答案。

让所有西点人最感到自豪的就是西点军校著名的"荣誉准则"——"决不撒谎、欺骗、偷盗，也决不容忍他人有这种行为。不推卸责任，无私奉献。"

西点人常说："诚实是最好的政策。"唯诚可以破天下之伪，唯实可以破天下之虚。男孩们，如果你想获得良好的人际关系，继而获得荣誉的话，就要具备诚实这一品质。诚实代表着一种非凡的勇气，是力量的象征，代表责任和良心。诚实是完整人格的基本要素，不论自己身处何种环境之中，都不要放弃诚实。

一个人诚实守信，自然得道多助，能获得大家的尊重和友谊。反过来，如果贪图一时的安逸或小便宜而失信于朋友，表面上是得到了"实惠"，但为了这点儿实惠毁了自己的声誉，真是"得不偿失"。所以，失信于朋友，无异

于丢了西瓜捡芝麻，因小失大。

敷衍只能一时，而诚实却是长久之策。走正直诚实的生活道路，一定会越走道路越宽。

因此，从现在起，男孩们，开始为反省一下自己吧，你是否欺骗过自己的朋友、亲人或者同事？你是否尽心尽力地为你周围的人办过事？进行反省后，你不妨从这些方面努力吧。

1. 待人诚实，不要敷衍任何人

要做一个诚实的人，只有诚实才能看清自己的未来，才能感受到人与人之间的真诚。

2. 一诺千金

真诚是力量的一种象征，它显示着一个人的责任感与尊严感。作为一个男子汉，守信更是一种荣誉感的表现，也就是说，不要轻易允诺别人，一旦允诺，就要尽力做到！

★要为忠心志士，必先做到诚信可靠

生活中，我们都希望能够获得别人的信任。生活中，有些男孩感叹，为什么得不到老板的信任，为什么得不到上司的青睐。在发出这样的疑问时，你是否从你自身的角度反省过呢？你是否做到了让人觉得诚信可靠呢？这一点，或许西点的学员们可以让你明白。

西点军校的学生无论何时、无论何事，都不能有任何撒谎、欺骗和偷盗、剽窃行为，还必须随时报告战友的任何“不道德”行为。如果知情者在24小时内不报告，一旦发现就会被视为同罪。

西点军校公关部主任詹姆斯·威利中校举例说，学员在撰写论文时，如果不在脚注中对一些被引用的观点和文字加以说明的话，一经查出，轻者要被严厉批评，重者则被勒令退学。

例如，一个新生走在走廊上，突然碰到学长问他：“你早上有没有刮胡子？”问题来得太过突然，但是他知道必须立刻回答，他眼前浮现自己一脸泡沫的样子，于是回答说：“报告学长，有。”但是事实上，他想起的影像是前一天刮胡子的情景。18岁的青年并不需要天天刮胡子，他所犯的错并不是存心欺骗，所以不叫说谎。尽管他并没有真的违反“荣誉准则”，学长和其他军官还是希望他事后能够承认自己弄错了。勇于认错，知错能改，才是真正的修养。

可能很多男孩会说：“这样一点小小的无心之过，根本没有欺骗之心，何必如此小题大做呢？我经常遇到这种事儿啊！”而在西点，这就是不诚实，原因就在于如果一个人无须面对自己的错误，无须为自己的错误负责，将来就更有可能故意说谎，而且会自圆其说，并认为这样做理所当然。

一次，两个年轻人约翰和戴维，他们负责把一件很贵重的古董送到码头，上司反复叮嘱他们路上要小心，没想到送货车开到半路却坏了。如果不按规定时间送到，他们要被扣掉一部分奖金。于是，约翰凭着自己的力气大，背起货件，一路小跑，终于在规定的时间赶到了码头。这时，戴维说：“我来背吧，你去叫货主。”戴维心里暗想，如果客户看到我背着包裹，把这件事告诉老板，说不定会给我加薪呢。他只顾想，当约翰把包裹递给他的时候，一下没接住，包裹掉在了地上，“哗啦”一声，古董碎了。

“你怎么搞的，我没接你就放手。”戴维大喊。

“你明明伸出手了，我递给你，是你没接住。”约翰辩解道。

他们都知道打碎了古董意味着什么，没了工作不说，可能还要背负沉重的债务。果然，老板对他俩进行了十分严厉的批评。

“老板，不是我的错，是约翰不小心弄坏了。”戴维趁约翰不注意，偷偷来到老板的办公室对老板说。老板平静地说：“谢谢你，戴维，我知道了。”

老板把约翰叫到了办公室。约翰把事情的原委告诉了老板，最后说：“这件事是我们的失职，我愿意承担责任。另外，戴维的家境不太好，他的责任我愿意承担。我一定会弥补我们所造成的损失。”

约翰和戴维一直等待着处理的结果。一天，老板把他们叫到了办公室，对他们说：“公司一直对你俩很器重，想从你们两个当中选择一个人担任客户部经理，没想到出了这样一件事，不过也好，这会让我们更清楚哪一个人是合适的人选。我们决定请约翰担任公司的客户部经理。因为，一个能勇于承担责任的人是值得信任的。戴维，从明天开始你就不用来上班了。”

“老板，为什么？”戴维问。

“其实，古董的主人已经看见了你们俩在递接古董时的情形，他跟我说了他看见的事实。还有，我看见了问题出现后你们两个人的反应。”老板说。

这位老板最终请约翰担任公司的客户部经理而不是戴维，源自戴维缺乏而约翰具备的诚信可靠的品质。的确，任何一个老板都清楚，一个诚实、勇于承担责任的员工才是可靠的员工，对于企业有着重要的意义。问题出现后，推诿责任或者找借口都不能掩饰一个人缺乏责任感。

的确，无论是商场还是职场，都会有一些人为了得到名誉、权力、金钱等，昧着良心说话，以为欺骗就可以得到自己想要的。而其实，撒谎就像栅栏，幸福会从缝隙匆匆而过，只留下悔恨的痕迹。欺骗也许能得一时之利，却不能维持长久。如果你的欺骗被人识破，即使以后你真的有诚意，仍会被认为是另一种虚伪的姿态。

在战场上,只有真诚可靠的士兵才能获得长官的信任,也才是个忠心志士。

从这一启示中,男孩们要谨记以下两点。

1. 脚踏实地,不要耍小聪明

不要总是认为自己是聪明的,你要明白,只有脚踏实地,才能让别人看见你的真诚。无论从事什么职业,眼高手低、耍小聪明的人最终只会让自己变成别人眼中的小丑。

2. 多为别人考虑

生活中,那些考虑问题周全、做事面面俱到的人似乎更能获得别人的信任,因为关心别人、为别人考虑的人更显成熟,也更具备担当大任的能力!

★忠于信仰,心有归属的暖巢

所谓信仰,是对某种主张、主义、宗教或某人极其相信和尊敬。在最危险的情形下,虔诚的信仰支撑着我们;在最严重的困难面前,也是虔诚的信仰帮助我们渡过难关。

现代社会,随着物质文化水平的提高,在很多男孩心中,崇高的信仰似乎正在淡化,随之取代的是享乐主义、拜金主义的崛起,而这也就是为什么他们没有归属感的原因。因为只有忠于崇高的信仰,心才有归属的暖巢。人只有具备积极向上的信仰,才会有良好的精神状态。一个人如果拥有激

昂向上的精神状态，即使身处逆境，也不会感到绝望，也不会放弃，能够坦然面对困难，并积极寻找解决问题的办法。同时，也只有信仰能让我们坚持做人的原则，而不至于在社会大潮的洗礼中倒戈。

西点1987届毕业生、Compass集团总裁约翰·克里斯劳说："我以前的一个室友违反了荣誉准则。当他把所做的事告诉我时，我并没有网开一面，而是告发了他。这并不是由于我不在乎他，我深深地关心他。但我知道，与他被给予第二次机会相比，坚守原则更为重要。我当时18岁，我知道我首要的责任是坚守荣誉准则。"

其实，人世中的许多事，只要想做，并坚信自己能成功，那么你就能做成。这正是信仰的作用。世界著名博士贝尔曾经说过这样一段至理名言："想着成功，看看成功，心中便有一股力量催促你迈向期望的目标，当水到渠成的时候，你就可以支配环境了。"

男孩们，只要你有积极向上的信仰，你的心中也就有了一杆秤，那么，你在社会生活中不管干什么，就都有了自己的原则。原则既包括办事的方法，也包括为人、处世的立场、主见。如果一味地迁就、顺从别人，实际上是软弱的表现。过于软弱，就会逐渐失去自信，而没有自信的人是很难成就大事业的。

1917年毕业于西点军校的马修·邦克·李奇微将军表达了同样的观点。他说："西点军校一直是美国陆军高尚道德精神的无穷无尽的源泉，是陆军军官中的西点毕业生把这种精神反复灌输给了全体军官军士。我认为，再没有什么别的东西可以代替这种道德力量。"这种道德力量就是信仰。

美国前总统吉米·卡特在2002年获诺贝尔和平奖。他入主白宫前，当过海军军官、农场主和佐治亚州州长。执政时尽管他的决策并不完全尽如人意，但是，他的个人品格和工作作风还是赢得了美国人民的广泛赞誉。

吉米·卡特在读中学的时候，班主任朱莉娅·科尔曼小姐关爱班上的每一个学生。她告诉他们："我们应该随着时代的变迁而调整自我，但是我

们信守的原则是不变的。”朱莉娅小姐当年所要告诉学生们的是“我们应该时刻分析新情况，然而无论是在选择相守终生的伴侣还是在艰难时刻、考验时刻或是遇到诱惑须做出困难的决定时，我们都不仅要适应这些新的挑战，还应该坚守我们所学到的某些原则，例如公平、正直、忠诚等”。

长大以后，卡特对朱莉娅小姐的话有了更深的理解，并始终坚守从朱莉娅小姐那里所学到的基本原则。在总统就职演说中，他引用了朱莉娅小姐的话：“随着时代的变迁而调整自我，但信守不变的原则。无论我们面临着多么大的困难，我都决心让我自己和美国人民信守正义与信仰。”

卡特善于反躬自省，敢于面对自己的缺点，并努力自我改正。卡特十分勤奋而又能自律，同时坚信积极思考的力量。“他是个最守纪律的人”，卡特的朋友们众口一词地这样评论他。

卡特常常不能容忍那些没有尽最大努力的人。在他任州长时，有一次，他因公和一位佐治亚州的专员同机外出。早晨7点钟，卡特已在飞机上等候了，只见那位专员正匆匆忙忙地在亚特兰大航空站的跑道上奔跑而来。这时飞机正好滑行到跑道上，卡特虽然看到了那个人，还是命令驾驶员准时起飞。“他不能按时到达这里，这实在太遗憾了。”他厉声地说。

他一直是像在就职演说中宣称的那样去做的，“我们知道‘多些’未必就是‘好些’。即使我们这个伟大的国家也有其公认的局限性。我们既不能回答所有的问题，也不能解决所有的问题……总起来说，我们必须以为了共同的利益而牺牲个人的精神，去尽我们最大的努力把事情做好”。

卡特之所以能得到美国人民的好评，获得如此至高的荣誉，就是因为他一直记住当年朱莉亚小姐的那句话，“随着时代的变迁而调整自我，但信守不变的原则。无论我们面临着多么大的困难，我都决心让我自己和美国人民信守真正的正义与真理的信仰”。正是具有这样的信仰，他能做到遵守纪律，坚持自己的原则，并努力做到最好。

一个具备积极、主动、忠诚、敬业等良好品质的人，也必定是一个具有积极信仰的人，因为信仰就像一盏明灯，能指引我们朝着正确的方向前进。

那么，从这一启示中，男孩们要做到以下两点。

1. 为自己树立一个积极的、崇高的信仰

信仰，从大处说，要和国家联系起来。从小处说，就是要坚持做人的原则。因此，从现在起，做一个具备高尚品质、把自己的命运和国家社会的命运联系在一起吧，摒弃那些不良的行为习惯和想法。

2. 忠于信仰、坚持原则

著名西点学子、美国第18任总统格兰特说："非常情况下能否坚持原则，常常是判断一个人道德水平的重要依据。"判断一个人人品好坏的最重要的一个标准是，在关键时刻能否坚持原则。

★金钱可化粪土，信誉恒久闪耀

社会生活中，人与人之间的交往贵在一个"信"字。如果人们都不以"真面貌"示人，那么，势必会陷入一种信任危机中，当然，我们希望得到别人信任的前提是自己要以"真"和"诚"待人，也就是人们常说的"做人要讲信誉"。

在市场经济的今天，男孩们要做一个让人觉得可信的男子汉，就要以诚待人。因为就个人而言，诚信是高尚的人格力量，是个人必须具备的道德素

质和品格。一个人如果没有诚信的品德和素质，不仅难以形成内在统一的自我，而且很难发挥自己的潜能和取得成功。程颢程颐指出："学者不可以不诚，不诚无以为善，不诚无以为君子。修学不以诚，则学杂；为事不以诚，则事败；自谋不以诚，则是欺其心而自弃其忠；与人不以诚，则是丧其德而增人之怨。""诚"不仅是德、善的基础和根本，也是一切事业得以成功的保证。"信"是一个人形象和声誉的标志，也是人所应该具备的最起码的道德品质。

西点人常说："诚实是最好的政策。"西点人是这么说的，也是这么做的。这也就是为什么西点能培育出大量重视信誉的商界精英。一位商界的西点人士对于西点的独特之处曾这样说："美国前500强企业是教给人伦理，而西点是教给人品德。""信誉"在中国人耳熟能详的影视明星成龙身上表现得尤为明显。

成龙出生在香港一个贫困家庭，很小就被家人送到戏班。按照旧时梨园行的规矩，父亲同戏班签了生死状，在约定期限内，成龙的生杀大权都在师傅手中。戏班里的管教异常严厉，他在师傅的鞭子与辱骂下练功，吃尽苦头。时间不长，他就偷偷跑回了家，父亲勃然大怒，坚决叫他回去："做人应当信守承诺，已经签了合同，绝不能半途而废。咱人虽穷，志不能短！"他只好重新回到戏班，刻苦练功，这一练就是十几年。

22岁时成龙终于学有所成。由于他学得一身好功夫，且为人厚道，几年下来，他逐渐担当了主角，还小有名气。有一天，行业内的何先生约他出去，请他出演一个新剧本的男主角。"除了应得的报酬，由此产生的10万元违约金，我们也替你支付。"何先生说完强行塞给他一张支票，匆匆离去。

成龙仔细一看，支票上竟然签着100万，一笔巨款呀！他从小受尽苦难，尝遍艰辛，不就是盼望能有今天吗？可是他转念一想，如果自己毁约，手头正拍到一半的电影就要流产，公司必将遭受重大损失。于情于理，他都不忍弃之而去。

一宿难眠，次日清晨，他找到何先生，送还了支票。何先生很意外，成龙

则淡淡地说:“我也非常爱钱,但是不能因为100万就失信于人,大丈夫应当一诺千金。”

公司得知后非常感动,主动买下何先生的新剧本,交给成龙自导自演。就这样,他凭借电影《笑拳怪招》创造了当年票房纪录,大获成功。

在一次电视访谈节目中,成龙回忆起这些往事,感慨万千,深情地说道:“如果当初我背信弃义,从戏班逃走,没有这身过硬的武功,或者为了得到那100万一走了之,我的人生肯定要改写。我只想以亲身经历告诉现在的年轻人,金钱能买到的东西总有不值钱的时候,做人就应当诚实守信,一诺千金。”

成龙说得对,金钱能买到的东西总有不值钱得时候,它最终会化为粪土,而信誉则会恒久远。这就是为什么成龙能有此巨大成就的原因之一。汤姆斯·麦考莱说:“在真相肯定无人知晓的情况下,一个人的所作所为能显示他的品格。”这正验证了孔子的话:“信则人任焉。”“人而无信,不知其可也。”诚于中而必信于外。一个人心有诚意,则必有信语;心有诚意,而身则必有诚信之行为。诚信是实现自我价值的重要保障,也是个人修德达善的内在要求。缺失诚信就会使自我陷入非常难堪的境地。同时,缺失诚信,不仅是自己欺骗自己,而且也必然欺骗别人,这种自欺欺人既毁坏了自我形象,也破坏了人际关系。因此,诚信是个人立身之本,处世之宝。

每个男孩都有追求荣誉的心,荣誉是自身价值的体现,但荣誉的获得往往是别人给予的,唯有给人以信誉,“本色做人,诚实说话,干真实事”,才能取信于人,也才能获取良好的人际关系。

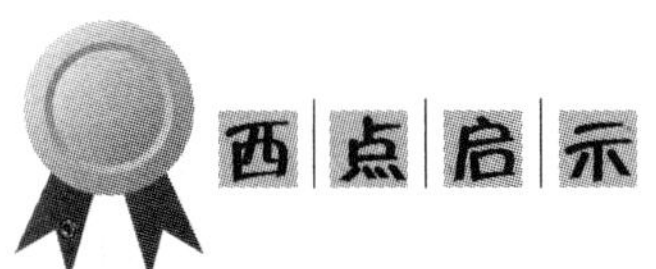

信誉对一个人是非常重要的,一个人没有了信誉就像没有羽毛的鸟,会受大众的排斥和讨厌。

从这一启示中，男孩们应该能权衡好金钱和信誉在个人发展中的位置，对此，你要做到以下两点。

1. 不要为不义之财所诱惑

人的一生会遇到很多诱惑，其中最能迷惑人的就是金钱。在那些不义之财面前，你一定要把握好自己，不要轻易向金钱低头，要坚持自己的原则。因为真正的财富不是金钱，而是那些能助你成功的品质。

2. 待人真心诚意

中国古代思想家强调“正心诚意”和“反身而诚”在个人道德修养中的地位和作用，认为修德的关键是有一颗诚心和一份诚意。诚意所达到的程度决定修德所能达到的高度，正可谓“精诚所至，金石为开”，只要你能诚信待人，必定会赢得良好的人际关系。

★不轻许诺言，有诺则必然恪守

言词的力量是伟大的，人们都比较重视诺言。比如古时以钱的重量作为衡量价值的标准，中国的“两”，英国的“磅”起初都表示重量。随着经济发展、交往的频繁，诺言同金钱相关联并为人们所接受，这时“一诺重千钧”便演变为“一诺值千金”了。

如果我们放纵自己，则必然失信于人，失去别人的信任，我们的人生路自然会越走越窄。西点就是以把每个学员培养成履行诺言的勇士为根本教育宗旨的。

1977 年末，美国五角大楼提出了一份长达 181 页的有关西点军校改革的报告，它是西点进入 20 世纪 80 年代后发展的新方针。曾任总统助理和驻欧盟军总司令的西点 1939 届毕业生安德鲁·古德帕斯特自愿摘下自己的上

将肩章，就任法定为中将军衔的西点军校校长。他对记者说："我认为顽固地反对变革是这个学校的特点，我将把树立对待变革的新态度当作我的主要任务之一。"古德帕斯特中将担起变革的重任，他要把西点学员培养成新型的职业军官。对此他发表了如下见解："必须进行最高标准的教育，才能解决尚未解决的美国安全问题。我们必然会面临巨大而复杂的挑战，这就要求我们必须培养具有为我们国家的理想与目标献身的军官。这些人应具有为实现国家安全目标而无私服役的高尚品质，有对新知识探索追求的精神，有对全人类更深的了解。我们需要的人不是昧着良心盲从，而是一个真正的具有军事头脑的现代军官。先进的技术要求未来的职业军官必须能够担任各种不同的职务：从外交官到教师，从技术专家到战略家，从环境学家到政治家，最后是履行诺言的勇敢的战士。这就是西点军校进一步走向新高度所面临的任务。"

从这一见解中，我们得出这样的结论，一个杰出的、具备高素质和高能力的男子汉，必须信守诺言。

秦朝末年，在楚地有一个叫季布的人，一向说话算数，性情耿直，为人侠义好助。只要是他答应过的事情，无论有多大困难，他都设法办到，受到大家的赞扬。故有"一诺千金"的成语典故。

楚汉相争时，季布是项羽的部下，曾几次献策，使刘邦的军队吃了败仗。刘邦当了皇帝后，想起这事，就气恨不已，下令通缉季布。

敬慕季布为人的人都在暗中帮助他。不久，季布经过化装，到山东一家姓朱的人家当佣工。朱家明知他是季布，仍收留了他。后来，朱家又到洛阳去找刘邦的老朋友汝阴侯夏侯婴说情。刘邦在夏侯婴的劝说下撤消了对季布的通缉令，还封季布做了郎中，不久又改做河东太守。

从这个故事中，我们可以发现，重视诺言的人自然会得道多助，即使遭遇人生逆境，也会以强大的人格力量获得别人的帮助。

但是可能很多男孩会发出这样的疑问：我也想助人为乐，也想替人办

事,但是能力不足,事情无法办成,这不也是失信于人吗。的确,轻易许诺而又无法办到的话,也是失信。

不轻易做承诺。一旦做了承诺就必须身体力行,有条件的要做,没条件的创造条件也要做,为什么? 这是你的责任和义务。富兰克林的《哨子》故事中有这样一句话:“每个人都有自己的哨子,千万不要为你的哨子付出过高的代价。”也就是说,我们在许诺的时候,要量力而为。

总之,只有信守诺言,才能取信于人,这是新时代的男性必须具备的重要品质之一,也是取得成功和获得荣誉的前提条件。至今,荣誉都是西点军校的教育准则之一。一个西点毕业生说:“我们应该继续执行荣誉准则,因为军事领导者需要更高的荣誉美德。”

西点启示

做到一诺千金,并量力而行,才能减少因失信带来的人际关系危机,同时也能增加诚信资本。

从这一启示中,男孩们应该明白要为自己说的话负责,为此,你要记住以下两点。

1. 不要轻易承诺

任何人的能力都是有限的,如果你经常允诺,而当有一次你因无能为力而拒绝的时候,那么,很可能会引起别人的质疑。相反,如果对于别人的求助,你能在量力而为的情况下做出理智的回应,那么,对方也会报以理解的态度。

2. 一诺千金

当然,不要轻易承诺是指我们要量力而行,而对于那些我们能实现的承诺,我们在许诺后,就不要找借口推脱或食言;而对于那些我们很难实现的承诺,一旦许诺后,也要努力恪守诺言并实现。

★荣誉谱写人生华彩乐章

人都希望得到认可，即将或已经进入社会的男孩们未来要担起社会、家庭和国家的责任，更需要用荣誉来证明自己。因此，每个男孩都需要具备荣誉感。这一点也是西点军校培养学员的目标之一。

事实上，西点的荣誉准则和荣誉制度所构成的荣誉体系，的确是西点军校重要的特色之一，也是西点对学员进行道德灌输和培养的主要内容之一。"每个学员决不说谎，欺骗或偷窃，也决不容忍其他人这样做。"这就是西点荣誉体系的基石——学员荣誉准则。这看似平常的条款，实际上要付出极大的努力，也是学员道德行为的最低标准。违反荣誉准则的行为是不光彩的，并且要接受相应的处罚。

与荣誉准则密切结合在一起的是荣誉制度。荣誉制度有两重使命，其中最重要的是荣誉教育。西点军校认为，作为学员和未来的军官，培养个人强烈的荣誉道德意识是非常必要的。西点新生一入学首先要接受16个小时的荣誉教育。新生从进校起，就被不断地排出名次来区别对待，以资鼓励。不仅每个学生在校期间的待遇和权利都因排名而不同，更重要的是，西点军校学生毕业以后的出路与该生在毕业时的排名也有直接关系。排名前者可以在毕业分配时选择自己想去的军兵种、工作单位和驻扎地点，甚至还可以选择直接上研究生院。

并且，荣誉教育将以不同的方式系统地贯穿四年学习生活的始终。其目的是要让每一个学员逐步树立起一种坚定不移的信念：荣誉是职业军官行为的标志和赢得他人尊重的道德准则；为此他要有高度的责任感和牺牲精神；绝对忠于"责任、荣誉、国家"的西点校训。

生活中,每个男孩都有当英雄的志向,但随着时间的推移,很多男孩的雄心壮志逐渐被磨灭,被取代的是甘愿平凡。持有这种心态是很难取得成功的,也终将碌碌无为。正如西点人说的:"没有雄心的人不能成为英雄。这不一定表现在外表,而是存在于他们的内心深处。"所以,西点培养的人都具有一种强悍的英雄之气。

的确,那些平凡的人之所以没有大的成就,就是因为他太容易满足而不求进取,他一生只会盲目地工作,挣取足够温饱的薪金。只有进取,人才会进步,也才会获得荣誉,证明自己。

男孩们,从现在开始,不妨具备一点雄心吧,有了获胜的念头,才有可能获胜,一个没有胜利欲望的人,又怎么可能获得胜利呢?

20 世纪 30 年代,在英国一个不出名的小城里,有一个叫玛格丽特的小姑娘。玛格丽特的父亲经常向她灌输这样的观点:无论做什么事情都要力争一流,永远走在别人前面,而不落后于其他人,"即使在坐公共汽车时,你也要永远坐在前排"。父亲从来不允许她说"我不能"或是"这太难了"之类的话。

正是因为从小受到父亲的"残酷"教育,才培养了玛格丽特积极向上的决心和信心。无论是学习、生活或工作,她总是抱着一往无前的精神和必胜的信念,努力克服一切困难,做好每一件事。

玛格丽特上大学时,拉丁文课程要求五年学完,可她凭着自己顽强的毅力,在一年内全部完成了拉丁文的课程学习。其实,玛格丽特不仅是在学业上出类拔萃,在体育、音乐、演讲及其他活动方面也都是名列前茅。当年她所在学校的校长评价她说:"玛格丽特无疑是我们建校以来最优秀的学生之一,她总是雄心勃勃,每件事情都做得很出色。"

正因为如此,四十多年以后,英国乃至整个欧洲政坛上才出现了一颗耀眼的明星,她就是连续四次当选为英国保守党领袖,并于 1979 年成为英国第一位女首相,雄踞政坛长达 11 年之久,被世界媒体誉为"铁娘子"的玛格丽特·撒切尔夫人。

从撒切尔夫人身上，我们看出，只有努力拼搏，做到最好，才可能做到“杰出”。如果做到这一点，你也能成为一颗受人瞩目的“明星”。很多美军里叱咤风云的名将，当年都是西点军校里某一项乃至综合排名的佼佼者。最有名的当属各门课全优的标准西点人道格拉斯·麦克阿瑟了。作为一个特殊的荣誉，每年凡是排名在前百分之五的最佳西点军校毕业生，都会从毕业典礼的演说主宾（通常是美国总统或美军最高首长）的手上，直接接受毕业证书。

现代社会中竞争日益激烈，甘当人后的男孩终将会被残酷的竞争所淘汰。只有荣誉才会谱写人生精彩的华章，试想，佩戴荣誉奖章的你与碌碌无为的你是不是两种不同的人生状态呢？

从平庸到优秀只有一步之遥，但有的人终其一生也无法跨越。当你有了尽最大的努力把事情做好的志向，不断对自己提出严格的要求，你就会赢得别人的尊敬，做出令人羡慕的成绩。

从这一启示中，男孩们应该从现在做起，具备荣誉感，用荣誉来证明自己。

1. 努力做好每一件事，每次进步一点点

事情无论大小，都要做好，从一点一滴中取得进步，一个人不经过历练是成不了材的，这是一条真理。一个平庸的人永远不会把事情做到最好。

2. 勇敢地与人竞争

西点人认为，只有勇于竞争并夺得第一，才能带来荣誉。的确，最终胜利的人才能与荣誉有缘，因为，荣誉是与成功相关联的。因此，男孩们只有努力参与竞争，才能通向成功的彼岸。当然，这并不是说为了成功而不择手

段。正如西点人那样,尽管注重胜利的结果,要求所有的学员都努力争取第一,但是西点并不提倡"胜者王侯败者寇"的理念。追求胜利,重视胜利,同时也关注胜利中的道德因素,或失败中的道德评价,这表现了西点人的豁达和宽容。

★荣誉需要脚踏实地去争取

荣誉是每个男孩所向往的,也是每个男子汉所重视和捍卫的。正因如此,荣誉也是一个沉甸甸的词语,它是一段奋斗历程的写照,是汗水和眼泪浇灌出的花朵,是我们努力的结晶。荣誉的得来需要靠我们脚踏实地去争取,成功不是靠任何不实和投机取巧的行为就可以获得的。这一点,每个从西点军校出来的学员都深有体会。

西点军校荣誉制度的第二项使命是对指控有违反荣誉准则的嫌疑人进行调查、诉讼和裁决。违反了荣誉准则的人一定是说谎、欺骗、偷窃,或者企图这么做,或者默认且"容忍"别的学员这么做。证明学员违反荣誉准则有两个要素:行为和动机。也就是说,即使行为没有构成事实,动机也足以使你获罪。

除了规章制度外,荣誉制度同整个学校的教育体系紧密相关,成为教育体系不可分割的一部分。教学过程标准化要求对在不同时间学习同一门课的学员进行日常考试。英语教官以两天时间给四个班讲同样的课,星期一他对头两个班进行相同的"笔试",而星期二又对另外两个班进行类似的"笔试"。学员不得与那些未参加考试的学员讨论他们的考题,以防泄漏。一个学员可以问考过的人"有没有默写"并得到"有"或者"没有"的回答,仅此而已,超出这一点便是违犯荣誉准则。

另外，考试的时候，也没有始终守在教室里的监考员。学员们在荣誉准则下诚实地独立做完试题。荣誉准则还规定，撰写论文时，学员的笔一触到纸，便不能再同其他学员磋商交谈。美国军事学员训练团章程里就这一点规定得非常具体："除非系里另有规定，学员一旦着手写或计算将作为自己的作品上交的提纲、草稿或正文，便不许再进行讨论。"西点军校的荣誉准则规定，学员上交课外作业即意味着声明"作文手稿，包括书写、打字、草图以及各种标志符号等，全都是学员自己的作品"。学员完全同他的伙伴们隔离开来了。他不能、不许问他的同学某个字如何拼写，也不能同他的朋友交换自己的看法、构思。

西点军校中的这一荣誉准则保证了每个学员能以自己的真实实力来取得成绩，而现实生活中很多男孩为了能通过考试，设法作弊，实际上，这是对自己不负责任的行为，以此手段获得的成绩也是经不住任何考验的。的确，生活中，有些人飞得太高太突然，房地产暴涨一夜变成千万富豪，于是有人慨叹，生活中的我并不是缺才，而是缺少发现自己的伯乐，理想的路上并非没有捷径，而是缺少机遇。更有甚者，有的人以投机取巧为荣，以脚踏实地为耻。我们真的不需要脚踏实地做事了吗？答案自然是否定的。

唐伯虎是明朝著名的画家和文学家，他小的时候在画画方面显示了超人的才华。唐伯虎拜在大画家沈周门下，学习自然更加刻苦勤奋，很快掌握绘画技艺，深受沈周的称赞。不料，沈周的称赞使一向谦虚的唐伯虎也渐渐地产生了自满的情绪，沈周看在眼中，记在心里。一次吃饭，沈周让唐伯虎去开窗户，唐伯虎发现自己开的窗户竟是老师沈周的一幅画，唐伯虎非常惭愧，从此潜心学画。

唐伯虎在经过老师的点拨之后，开始明白了脚踏实地的重要性，从而潜心学画，终于成为一代才子。的确，任何人的成功都不是一蹴而就的，需要一个努力的过程。试想，如果没有李时珍几十年如一日的采集整理，怎么会有《本草纲目》的诞生；如果没有曹雪芹披阅十载，增删数次的辛苦写作，又

如何有鸿篇巨制《红楼梦》的问世。古人尚知“苦心人天不负,卧薪尝胆,三千越甲可吞吴”的道理,更何况现今社会的我们?

在西点军校当局、荣誉委员会、乃至每一个学员都有责任检举揭发违反荣誉准则的行为。代表学员的荣誉委员会对指控进行调查,并决定是否进行正式荣誉调查审判。一旦有学员被指控违反了荣誉准则,荣誉委员会便马上由一名副主席出面组织调查。如果有足够的证据可以起诉,正式荣誉调查审判庭便开始受理此案。庭长通常是四年级的荣誉代表。审判庭实行公开审理,鼓励学员旁听。最后,以投票的方式决定对违法行为的处置,并报校长批准。裁决被驳回的情况是不多见的。

西点启示

崇尚荣誉需要我们严格要求自己。荣誉可能就是一面旗,一个称号,一个奖杯,但是任何荣誉的获得都需要我们脚踏实地,投机取巧的人都将与真正的荣誉无缘。

从这一启示中,男孩应该能辨析荣誉和付出之间的关系了。对此,男孩需要谨记以下两点。

1. 脚踏实地,不好高骛远

人们往往惊羡于成功的那一刻,却忽略了数十年的艰辛努力。那些能够一飞冲天的成功无不是踏实奋斗的结果。脚踏实地要求我们像老黄牛一样一步一个脚印。记住这一点,就不要再感叹命运的不公了,从点滴做起吧!

2. 淡然面对成败得失

我们对待成败得失应自然、平静和从容。失落时不低沉,胜利时不炫耀,像蛹那样慢慢积蓄自己的力量,终有一天会蜕化为蝶飞向广阔的蓝天。

★荣誉是对自我的挑战

我们知道，任何成功都是建立在不断进取、不断突破的基础上，只有不断进步，才能获得荣誉。也就是说，荣誉就是对自己的不断挑战。

生活中，有些男孩年轻气盛，在获得一些成绩的时候就沾沾自喜而停滞不前，而实际上，只要稍作努力，更大的突破和成就就在他们面前。西点军校的学员们则不同，他们喜欢挑战他人，挑战自我，希望永远做得更好，西点军校的毕业生用自己的努力为西点创造了今日的辉煌。西点军校的学员都有这样的思想：永远不对自己的现状满意，永远向着更高的目标前进，你可以做得更好！

的确，一个人一旦满足于自己目前获得的成绩，便失去了继续前进的动力，不再追求更高的目标。而在这个竞争日趋激烈的社会，不前进便意味着后退，就可能被无情地淘汰。一旦你停止前进，便会被别人赶超。2005 年获得国家最高科学技术奖、成为 2006 年度感动中国十大人物之一的我国气象学家叶笃正就是这样一个不断挑战自我的人。正是因为他在气象学上的不断突破，从而结束了我国"天有不测风云"的时代。

在叶笃正回国之前，中国的现代气象科学几乎是一片空白。20 世纪 80 年代以来，各种极端气候事件频繁发生和全球气候变暖受到了全球气象界的高度重视。世界各地不均衡的高温、干旱、暴雨、洪涝、沙尘暴等灾害事件一次又一次地给人类敲响警钟。谁也无法低估气候变化对人类的影响，它已经成为全球共同面临的重大课题。

"早在 1500 年前的《淮南子》中就有关于二十四节气的记载，这在当时可谓了不起的发现，可是新中国成立初期我国的气候事业明显落后了，研究

技术十分落后。”叶笃正感慨地说，当时的中国最需要懂得现代气象科学的人。回国后，叶笃正被任命为中国科学院地球物理研究所北京工作站主任，在北京西直门内北魏胡同一座破旧的房子里开始了艰苦的研究。他满怀建设新中国的喜悦，早出晚归，到处奔走忙碌着。他从怎样看天气图教起，培养了一批又一批年轻的气象工作者。如今，这间简陋的实验室虽然早已不再使用，但人们依然把它保留下来，用以纪念那段难忘的岁月。

不久，中国科学院地球物理研究所和中央气象局共同建立了天气分析预报联合中心和气候资料联合中心，叶笃正参与了中心的领导工作。这两个中心随后发展为采用近代方法作天气预报的中央气象台和以近代方法整编气候资料的气候资料室。叶笃正教过的许多学生今天还记得他指着墙上挂的巨幅天气图，兴奋地告诉这些年轻的气象工作者说，“回国后我过得很充实，没有虚度光阴，中国的天气预报要在物理、数学的基础上建立起来。今后，‘天有不测风云’的时代在我国该结束了”。

而耄耋之年的叶笃正仍然俯身科技前沿，进行前瞻性思索。他发表了一篇论文，预言在今后的10年到20年中，全球和中国的大气科学必将有跨越式的大发展。我们如何应对这种机遇和挑战、我们国家的大气科学发展何去何从等问题，在论文中都进行了科学的分析与阐述。

如今，叶笃正的名字已与全球变化研究这项世界瞩目的国际合作项目联系在一起。叶笃正能在科学界取得如此成就，是和他对自我的不断挑战密切关联的。同样，和叶笃正一样，因为敢于对自我挑战，才有了费俊龙、聂海胜成功的飞行；因为敢于对自我提出更高的要求，刘翔才得以让世界为之震撼。而我们深知，伴随成功而来的就是荣誉。

所以，男孩们，从现在起，你要明白，没有谁永远第一。不是第一就要努力成为第一，即使你是第一，也永远可以做得更好。在西点，没有常胜将军，哪怕你是第一，你也会面临更多的挑战。这样的挑战来自他人，同样也来自自己。

世界球王贝利在他20多年的足球生涯里，参加过1364场比赛，共踢进1282个球，并创造了在一场比赛中一人射进8个球的纪录。他超凡的球艺不仅令万千观众心醉，而且常使球场上的对手拍手称绝。他不仅球艺高超，而且谈吐不凡。当他个人进球纪录满1000个时，有人问他："您哪个球踢得最好？"贝利笑了，意味深长地说："下一个。"他的回答含蓄幽默，耐人寻味，像他的球艺一样精彩。

西点启示

追求成功的人会尽力寻求对自己现状不满足的地方，以发现自己的缺点，并加以改进。时时要求更好，时时努力超越自己，才能创造一个更美好的人生。不要竭尽全力去和你的同事比拼，你应该在乎的是，你要比现在的你强。

从这一启示中，男孩要努力做到以下两点。

1. 不要满足现状、故步自封

不要满足于现在的自己，要力求更好，时时努力并不断超越自己。希望是生命不竭的原因所在。记住，无论在什么境况中，我们都必须有继续向前行的信心和勇气，生命的活力在于我们永远不要放弃。

2. 努力提升自己，达到质的飞跃

"欲速则不达""万丈高楼平地起"，任何突破都要从努力做到积累知识、提升自我开始，只有这样，才会实现质的突破，获得更高的荣誉。

★将团队荣誉永记于心

一个单位或组织就是一个团队,你在这个团队中就应为团队的荣誉而尽力。而一个没有荣誉感的团队是没有希望的团队,一个没有荣誉感的员工不会成为一名优秀的员工。单从个人角度看,在市场经济的今天,人人都可以自由自在地选择自己的工作,可以东跳西跳,可是不管你如何跳,你不融于你所在的团队,你的发展就会受到很大的限制。

每个渴望发挥自身价值的男孩们,你要记住,你是社会的人,是集体中的人,就必须要有团队荣誉感,把个人的利益和荣誉融入团队中。

西点的"荣誉准则"强调:"决不说谎、欺骗、偷窃,也决不容忍他人有这种行为。"在西点的教育中,教员们都会对新学员进行这方面的教育,使他们懂得:一个人的能力是有限的,当一项工作或任务远远超出个人能力范围时,进行团队协作就势在必行。团队不仅能够完善和扩大个人的能力,还能够帮助成员加强相互理解和沟通,把团队任务内化为个人的任务,使每个人真正做团队的主人,这样的团队才会战胜一切困难,赢得最终的胜利。而作为这样的团队的成员也会在团队协作这个过程中迅速地成长起来。

西点人从不将自己禁锢于一个狭小的圈子里,他们知道作为团队中的一个分子,如果不融入这个群体中,总是独来独往,唯我独尊,将无法体会也得不到友情、关爱和他人的尊重。西点人深知,具有独立个性的人必须融入群体中去,才能促进自身的发展。要平等地与人相处,真诚对待每一个人,不管他是与你一样的学员,还是你的长官。你周围的每个人都可能对你的事业、前途产生关键性的影响,而不仅限于高层人士。而且你的和善友好会给团队带来一股轻松快乐的气氛,可以使身边的人感到愉快,从而提高团队

士气。

的确，一个人再完美，也只是一滴水；而当他融入一个优秀的团队，他将享有大海的荣耀。男孩们，你也必须和西点学员一样，具备这种强烈的团队归属感。如果你对自己的工作有足够的荣誉感，以自己的工作和公司引以为荣，你必定会焕发出无比巨大的工作热情。

在西点的课堂上，学员们会被告知这样一个故事。

阿基勃特是美国标准石油公司的一名普通职员，但他无论在什么场合中签名，都不忘附上公司的一句宣传语“每桶4美元的标准石油”。时间长了，同事、朋友们干脆给他取了个“每桶4美元”的外号，他的真名反而没人再叫了。

公司董事长洛克菲勒听说了此事，便叫来阿基勃特，问他：“别人用‘每桶4美元’的外号叫你，你为什么不生气呢？”阿基勃特答道：“‘每桶4美元’不正是我们公司的宣传语嘛，别人叫我一次，就是替公司免费做了一次宣传，我为什么要生气呢？”

洛克菲勒感叹道：“时时处处都不忘为公司做宣传，我们需要的正是这样的职员。”五年后，洛克菲勒卸下董事长一职，阿基勃特成为标准石油公司的下一任董事长。

他得到升迁的重要原因就是他坚持不懈地为公司做宣传，从来不忘记自己的责任。如果他对所在的公司缺乏强烈的荣誉感，只想回报，不愿付出，他是做不到时刻为公司做宣传的。

实际生活中，有这样一类人，他总是把自己的利益放在第一位，时刻想着从团体中捞点好处，而当公司出现困境时不想如何帮助公司，而总想另谋出路，脱离现有的团队。这样的员工在自己的职业生活中会走很多弯路，总找不到适合自己发展的空间。

事实上，只要我们尽职尽责，努力工作，工作同样会赋予我们以荣誉。我们工作的目的绝不仅仅是为了每月有一份不错的薪水，或者是为了有一

份可以谋生的职业，我们还追求一种认同感、归属感和成就感，而这一切都建立在荣誉感的基础之上。只有荣誉才能让我们对待工作全力以赴，才能让我们自觉地远离任何借口，远离一切有损于公司荣誉的行为。在争取荣誉、创造荣誉、捍卫荣誉的过程中，我们个人也不知不觉地融入集体之中，获得了更好的发展。

艾德勒应聘到一家制衣公司，这家公司已经亏损达2000多万美元，公司连给员工发工资都很困难。艾德勒想，我既然来到了这个公司，就要为公司服务，我一定要设法把公司从困境中解救出来。这种强烈的归属感使他主动找到上司，两人讨论后觉得首先应该转产，因为一个公司的生命力在于其不断创新的产品。他们决定把生产成人服装改成生产适合儿童需求的特色服装。结果新产品上市后供不应求，艾德勒自然也在公司里站稳了脚，上司决定让他负责分管新产品开发的工作。

艾德勒的这种在公司有困难时选择留下来的工作态度表明他具有团队荣誉感，成绩可以创造荣誉，荣誉可以让你获得更大的成绩。一个没有荣誉感的员工能成为一个积极进取、自动自发的员工吗？如果不能认识到荣誉的重要性，不能认识到荣誉对自己、对工作、对公司意味着什么，又怎么能指望这样的员工去争取荣誉、创造荣誉呢？

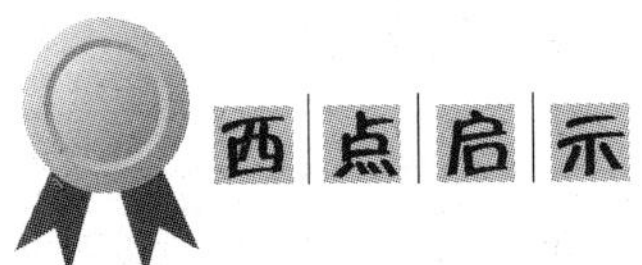

西点启示

如果一个人对自己的工作有足够的荣誉感，以公司为荣，热爱自己的团队，他必定会焕发出无比的工作热情。

那么，在实际工作中，男孩们该怎样做呢？

1. 让自己融入团队

要做到团队合作，首先需要你收起自己的锋芒。固执己见，无法听取他

人的意见，无法和他人达成一致，就不可能融入团队，团队的工作就无法进行下去。坦诚地接受和提出意见，团队中的每个人就能共同进步。

2. 重视团队中的每个人，搞好与每个人的合作关系

每个人都有被别人重视的需要，你若想让团队发挥作用，就要搞好和每个人的关系。有时一句小小的鼓励和赞许就可以使他人释放出无限的工作热情，并且，当你对别人寄予希望时，别人也同样会对你寄予希望。

第2章

自信人生，开拓潜能朝目标奋进

——像西点军人一样信心强大，前程似锦

自1802年建校以来，西点军校培养了4000多名将军和无数企业家、文学家、艺术家等，一位西方记者曾这样写道："西点人自信、狂傲，因为他们有实力。"理解西点精神，有四个关键词：责任、诚信、意志力、自信。在西点，每个学员都必须挺起胸膛走路。这是西点军人自信的最好体现。同样，生活中的男孩们，你们也需要做到和西点人一样凡事自信，自信能使你敢于向任何困难挑战，自信能使你赢得别人的信任，从而帮助你成功。每个人的身上都蕴藏着巨大的潜能，同时也蕴藏着信心，如果把自己身上的潜能挖掘出来，会使你的人生变得更加光明，最终做出一番令人赞赏的业绩！

★男孩不自信就永远无法顶天立地

在生活中,我们发现,那些拥有自信的男孩总是以乐观、积极的态度对待生活中的一切;相反,没有自信的男孩总觉得自己不如别人,做什么事情都畏首畏尾,总是退缩,可见,自信是男孩快乐成长,成为一个真正的男子汉并走向成功的必备条件。这一点,男孩们要向西点军校的学员们学习。

在西点,每个学员都必须挺起胸膛走路。高昂着头,挺直腰板走路,既有军人的雄健威武,又有绅士的儒雅风度。如果西点的学员因为害怕而自己败下阵来,是要受到严重惩罚的。这要比因为能力不足而做不到更让人看不起。西点军校的学员都懂得,当你相信自己能做出最好的成绩时,自信会有助于你的表现。克里斯曼中将曾经说:"信心和毅力比西点军校的毕业证书更重要。"

麦克阿瑟在西点军校入学考试的前一晚很紧张。母亲对他说:"如果你不紧张,你就会考取。你一定要相信自己,否则没有人会相信你。要有自信,要自立。即使你没有通过,但你知道自己已全力以赴了。"发榜后,麦克阿瑟名列第一。

任何一个人的成长都是一个蜕变的过程。在这个过程中,自信会让男孩在任何困难与挫折面前以饱满的精神状态面对。只有这样,才能真正历练成一个顶天立地的男子汉。

春秋战国时期,一位父亲和儿子出征打仗。父亲已做了将军,儿子还只是马前卒。又一阵号角吹响,战鼓擂鸣,父亲庄严地托起一个箭囊,里面插着一支箭。父亲郑重地对儿子说:"这是家传宝箭,佩戴在你的身上,你会力量无穷,但千万不可抽出来。"那是一个极其精美的箭囊,厚牛皮打制,镶着

幽幽泛光的铜边儿。再看露出的箭尾，一眼便能看出是用上等的孔雀羽毛制作的。儿子喜上眉梢，猜想箭杆、箭头的模样，耳旁仿佛有“嗖嗖”的箭声掠过，敌方的主帅应声倒地而亡。

果然，佩戴宝箭的儿子英勇非凡，所向披靡。当鸣金收兵时，儿子再也禁不住得胜的豪气，完全背弃了父亲的叮嘱，强烈的欲望驱使他拔出宝箭，试图看个究竟。骤然间他惊呆了：一支断箭，箭囊里装着一支折断的箭！“我一直挎着支断箭打仗呢！”儿子吓出了一身冷汗，仿佛顷刻间失去支柱，意志轰然间坍塌了。结果不言自明，儿子惨死于乱军之中。

拂开蒙蒙的硝烟，父亲拣起那柄断箭，沉重地叹道：“不相信自己的意志，永远也做不成将军。”

从这个故事中，我们能吸取到这样一个教训：身处沙场，如果怀疑自己，把自己的命运交给一支箭，那么，这已经表明你身处危险之中。而成长的过程也是如此，任何时候都要相信自己。正如这位父亲所说，“不相信自己的意志，永远也做不成将军”。成长中的男孩如果做不到自信，那么，也就不能成长为一个真正的男人。和这位年轻的战士不同的是，交响乐指挥家小泽征尔在参加指挥家大赛就因为自信而获得了肯定。

小泽征尔是世界著名的交响乐指挥家。在一次世界优秀指挥家大赛的决赛中，他按照评委会给的乐谱指挥演奏，敏锐地发现了不和谐的声音。起初，他以为是乐队演奏出了错误，就停下来重新演奏，但还是不对。他觉得是乐谱有问题。这时，在场的作曲家和评委会的权威人士坚持说乐谱绝对没有问题，是他错了。面对音乐大师和权威人士，他思考再三，最后斩钉截铁地大声说：“不！一定是乐谱错了！”话音刚落，评委席上的评委们立即站起来，报以热烈的掌声，祝贺他大赛夺魁。

原来，这是评委们精心设计的“圈套”，以此来检验指挥家在发现乐谱错误并遭到权威人士“否定”的情况下，能否坚持自己的正确主张。前两位参加决赛的指挥家虽然也发现了错误，但终因随声附和权威们的意见而被淘

汰。小泽征尔却因充满自信而摘取了世界指挥家大赛的桂冠。

从小泽征尔的故事中,我们发现,只有做到自信,才能排除干扰,走自己的路。男孩在成长的路上,必将会受到一些外在因素的干扰,但只有自信才是心中的灯光,时刻照亮着成长的道路。哲学家说得好,“你听到的一切并不完全正确,也不要因他人成功的议论而鄙视自己,否则就会陷入自卑的‘心灵监狱’”。我们常常发现有些人除了拿别人的优点与自己的缺点比较外,还喜欢听信那些不该信的话,他们认不清自己身上蕴藏着无穷无尽的潜力,情绪萎靡,不知不觉中为自己营造了自卑的“心灵监狱”。

西点启示

成长是一个过程,只有自信,才能以坦然的心态面对成长中的种种挑战、困难、困惑等。自信方能自强,只有自信,才能做到知难而进,才能有临渊不惊、临危不惧的英雄本色。

从这个启示中,我们发现,自信是男子汉成功的第一秘诀。然而,自信心的培养并非易事,那么,男孩们该如何培养自己的自信心呢?

1. 找到自己身上的闪光点

有的人喜欢把眼光放在别人的优点上,而总盯着自己的缺点不放,因此很容易产生自卑的心理。要排除自卑心理,你需要认识到自己的长处,同时要相信自己的能力。

2. 体验成功,找到自信心

哪怕是小小的成功,你也要尽情地享受成功带来的喜悦。

3. 做事不要有太多顾虑

有些男孩因为缺乏经验,在做事时,往往在一开始就为自己想好了失败之后的退路,这样永远都不会取得成功,只会与目标渐行渐远。所有的成功

者都必定有着坚定的信心。信心犹如人生路上的加油站，为你最终达到目标提供源源不断的能量。

★自信是成事的第一能量源

任何一个人都希望成功，但成功的第一要素是，你必须要有自信，相信自己能成功，才能做到无往不胜。因为在追求成功的过程中，我们不能保证一帆风顺，而面对磨难和挫折，只有充满自信，才能让你重拾奋斗的心，也只有充满自信，敢于迈出第一步，你才有机会追逐成功。同样，作为即将或刚步入社会的年轻人，无论做什么事，都要相信自己。在西点军校，任何一个人都把自信当成成事的第一能量源。西点人认为，如果你想受人欢迎，那你必须得具有绝对的信心，这一点非常重要。信心能使人产生勇气。

在中国，敢于突破自我的人当首推毛遂。

春秋时，秦军在长平一线大胜赵军。秦军主将白起，领兵乘胜追击，包围了赵国都城邯郸。

大敌当前，赵国形势万分危急。平原君赵胜奉赵王之命，去楚国求兵解围。平原君把门客召集起来，想挑选20个文武全才一起去。他挑了又挑，选了又选，最后还缺一个人。这时，门客毛遂自我推荐，说："算我一个吧！"平原君见毛遂再三要求，才勉强同意。到了楚国，楚王只接见平原君一个人。两人坐在殿上，从早晨谈到中午，还没有结果。毛遂大步跨上台阶，远远地大声喊起来："出兵的事，非利即害，非害即利，简单而又明了，为何议而不决？"楚王非常恼火，问平原君："此人是谁？"平原君答道："此人名叫毛遂，是我的门客！"楚王喝道："赶快退下！我和你主人说话，你来干吗？"毛遂见楚王发怒，不但不退下，反而又走上几个台阶。他手按宝剑，说："如今十步之

内，大王性命在我手中!”楚王见毛遂那么勇敢，没有再呵斥他，就听毛遂讲话。毛遂就把出兵援赵有利楚国的道理，做了非常精辟的分析。毛遂的一番话说得楚王心悦诚服，答应马上出兵。不几天，楚、魏等国联合出兵援赵。秦军撤退了。平原君回赵国后，待毛遂为上宾。他很感叹地说：“毛先生一到楚国，楚王就不敢小看赵国。”

成语“毛遂自荐”由此而来，比喻不经别人介绍，自我推荐担任某项工作。而毛遂敢于自荐，就在于他具备超人的自信心。假如毛遂在楚王面前畏首畏尾，那估计毛遂不但不能被待为上宾，反倒性命难保了。

可见，信念是一种无坚不摧的力量。男孩们，当你坚信自己能做成时，你必能成功。许多人一事无成，就是因为他们低估了自己的能力，妄自菲薄，做事时顾虑很多。信心能使人产生勇气。成功的契机是建立在信心和勇气之上的，以信心克服所有的障碍。

威尔逊有句名言：“要有自信，然后全力以赴！假如具有这种信念，任何事情十之八九都能成功。”的确，如果你在筹划一件事时，总是考虑失败后的结果，抱着这样的心态，内在潜能就得不到充分的调动与发挥。要避免与摆脱这种心理上的失衡，你就必须时时表现出一种强者的风范，要抱着必胜的信心，并敢于面对困难与挫折，勇于克服、战胜困难，坚定不移地朝着成功的目标迈进。因此有意识地培养自己的“强者”意识，这是任何一个男孩取得成功所应具备的条件。

美国通用公司的董事长罗杰·史密斯在进入通用之初，只是一个名不见经传的财务人员。罗杰初次去通用公司应聘时，只有一个职位空缺，而招聘人员告诉他，工作很艰苦，对一个新人会相当困难。他信心十足地对招聘人员说：“工作再棘手我也能胜任，不信我干给你们看……”

在进入通用公司工作的第一个月后，罗杰就告诉他的同事，“我想我将成为通用公司的董事长”。当时他的上司对这句话不以为然，甚至嘲笑他自不量力，逢人便说“我的一个下属对我说他将成为通用公司的董事长”。令

这位上司没想到的是，若干年后，罗杰·史密斯真的成了世界上最大的“商业帝国”通用公司的董事长。

罗杰·史密斯的成功来源于他的心态，那就是自信。从现在起，男孩们，你需要有个良好的心理状态，需要寻求心理上的平衡，并始终保持一个成功者的心态，设定自己是个成功的人物，这样，你就会发挥出极大的热情和自信去面对前进道路上遇到的种种艰难险阻。虽然你还未成功，但这种自我造就的心理成就感会促使你朝着成功的目标迈进。

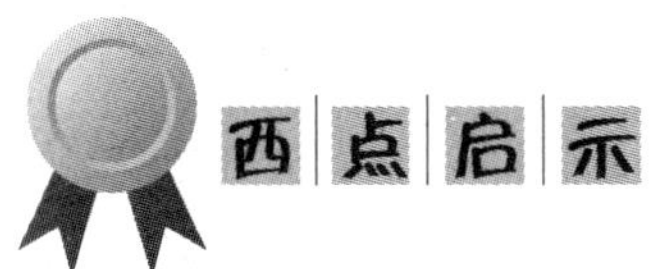

西点启示

无论做什么事，你的心态决定了你能否成功。假如能反复想着成功，你自然会全力以赴，直到成功为止。因此，行动伊始，自己就要给自己打气，确信自己的看法。假如具有这种信念，所做的事情十之八九都能成功。

从这一启示中，男孩们无论何时都要相信自己，大胆地做你想做的事，现在就去做吧！为此，你需要记住以下两点。

1. 鼓励自己，给自己打气

任何时候都要自己给自己打气，确信自己的看法。心中默念：我想我可以，我可以坚持下去。冲破一切艰难不要让你的目标消失在你的信念里，一直给自己打气，把眼前的事情一件一件地做好，那么，你就能一直以良好的状态达到目标的。这其中的过程一直需要有必胜的信念在引领着你前进。

2. 以积极的心态迎接挑战与困难

一个人如果以积极的心态迎接挑战与困难，他就不会放弃，能够坦然面对困难，并积极寻找解决问题的办法。其实，人世中的许多事，只要想做，并坚信自己能成功，那么你就能做成。

★相信自己，才能赢得他人的信任

人生在世，谁都希望得到他人的肯定，这其中就包括信任。然而，让别人相信我们，首先就要自己相信自己。现实生活中，很多在父母呵护下长大的男孩，习惯了父母的安排，甚至放弃自己的权利，让长辈的意愿来决定自己生活。他们把自己上学、择业、婚姻统统托付或交给家人，失去了自我追求，自我信仰，也就失去了选择的自由，久而久之，他们习惯于信任别人，而不是让别人信任。人生最大的缺失莫过于失去自信。自卑只能自怜，自信赢得成功。相信自己，就是相信自己的优势，相信自己的能力，相信自己的选择，相信自己才能赢得他人信任。“没有得到你的同意，任何人也无法让你感到自惭形秽。”而在西点军校，每个人之间建立的信任感都来自自我信任。

但凡西点军校和其他学校有何种体育竞赛，不论田径、游泳、划艇还是各种球类比赛，全校上下一律同仇敌忾。从来没有人会说西军校要在某时某地与某队比赛，而是一律宣称：“西点军校队将要在某时某地打败某队。”而这种强大的团队力量与互相信任，正是来自每个学员自身的信念，那就是必胜。

美国南北战争中涌现了许多流传千古的英雄，林肯和格兰特就是其中最为出色的两位。林肯一直在寻找一位能一统南北的将军。“这个人要勇于行动，敢于负责，向敌人进攻，打败他们”，这是林肯对人选提出的条件。林肯先后任命和解职了几名将军后，格兰特被林肯看重，当上了将军。

在 1862 年的一次战役中，格兰特率领上万人的军队在海军炮艇护

送下，乘运输汽船溯田纳西河而上，开始了这次历史上最富想象力的战役。惮于格兰特的勇猛，南方派人询问格兰特，如果开城投降将给予什么条件。格兰特断然回答："没有任何条件可讲，只有立即无条件投降，否则马上下令进攻！"这段话使联邦军队大受鼓舞，格兰特因此赢得了"要求无条件投降的格兰特"这一美称。当南方军队竖起白旗，15000 名士兵放下武器时，格兰特取得了到那时为止北方的第一次重大胜利，从而收复了肯塔基州。

后来，格兰特将军做了美国总统。有一次，他到西点军校视察，一名学生问格兰特："总统先生，请问是西点的什么精神使您勇往直前？""没有任何借口。"格兰特回答。

格兰特能获得林肯的信任乃至全美国人的信任，与他这句果断的话——"无条件执行"是分不开的，很明显，一个不自信的人是无法做到如此刚强、果断的。

相信自己，从而赢得他人的信任，这是任何一个军人必须做到的，因为只有互信才能为随时并肩作战而做好准备。这是军人的准则，也是任何一个男孩必须学会的处世智慧，只知退缩、抱怨的人永远也不会做好，因为你不但没有赢得自信，还失去了他人的信任。

一个纽约商人看到一个衣衫褴褛的卖尺子的人，顿生一股怜悯之情。他把 1 美元丢进卖尺子人的盒子里，准备走开，但他想了一下，又停下来，从盒子里取了一把尺子，并对卖尺子的人说："你跟我都是商人，只不过经营的商品不同，你卖的是尺子。"

几个月后，在一个社交场合，一位衣着整齐的推销员迎上这位纽约商人，并自我介绍："您可能已经不记得我了，但我永远忘不了您，是您重新给了我自尊和自信。我一直觉得自己和乞丐没什么两样，直到那天您买了我的尺子，并告诉我我是一个商人，我才真正成为了一名商人。"

卖尺子的人一直把自己当作乞丐，不就是因为缺乏自信吗？不自信又

怎么能让顾客相信他从而购买他的产品呢？而纽约商人的一句话，一语惊醒梦中人，推销员找到了自信，并开始了全新的生活，从中我们不难看出自信的威力。缺乏自信是我们无法取信于人的重要原因，进而导致我们的事业不容易成功。

1937年获得诺贝尔文学奖的法国作家杜伽尔说："我力量的真正源泉是一种暗中的、永不变更的对未来的信心。甚至不只是信心，而是一种确信。"与金钱、权势、出身、社会关系相比，自信是更有力量的东西，自信心就像能力的催化剂一样，它可以将人的一切潜能都调动起来。而从人际关系的角度看，自信的人能传递一种精神力量，它是赢取信任所必备的一种精神状态。

西点启示

信任是一切人际关系活动的基础，而唯有自信，相信自己，才能赢得他人的信任。

从这一启示中，生活中的男孩们，你们应该有所领悟，任何人都不能代替你成长，只有自信，让周围的人信任你，你才能具备一个男子汉的品质，才能以饱满的精神状态迎接人生的挑战。为此，你需要做到以下两点。

1. 自我激励

你要知道，环境不能真正激励你自己，别人不能真正激励你自己，只有你自己才能发现并找到你真正的需要和追求。如果你想让自己的生命更精彩，如果你不想虚度此生，那么唤醒你自己吧！

2. 以绝对的自信感染他人

我们的情绪经常会被周围的人和事所影响，比如，别人给予赞美，我们就信心倍增，而别人一句否定的话，则会让我们自卑。而这就表明，你并未

真正做到相信自己，真正相信自己的人会以强大的精神力量影响别人，而绝不是被影响。因此，不管任何时候，都要在心中呐喊对你最重要的那句话"我一定行"。

★自信可以挖掘出源源不断的潜力

人的潜能是巨大的，一个人成功与否、有多大的成就，可以说，很大程度上源于其被挖掘的潜能有多少。美国作家爱默生说过："自信是成功的第一秘诀。"自信是重要的精神支柱，如果没有自信，就无法获得成功。因此，一个充满信心的人，在追求成功的过程中，势必会竭尽全力挖掘自己的潜力，势必会拥有"天生我才必有用"的豪情，具备这一心理素质的人，也就离成功不远了。

而现实生活中，很多男孩自认为自己天资不够，不具备成功者的素质，于是他们满足于现状，不追求上进，而正是因为有这样的心态，他们一次次与机遇擦肩而过，最终也只能碌碌无为。西点军校那些毕业生能在社会各个行业有杰出的表现，就来源于他们在西点获得的教育。西点军校毕业生、天才画家詹姆斯·惠斯勒说："信心与意志是一种心理状态，是一种可以用自我暗示诱导和修炼出来的积极的心理状态！"西点军校首任校长乔纳森·威廉姆斯也说："有时候，阻碍我们成功的主要障碍，不是我们能力的大小，而是我们的心态。"

成功学大师斯通指出：人的心态随着环境的变化，自然地形成积极的和消极的两种。思想与任何一种心态结合，都会形成一种"磁性"力量，这种力量能吸引其他类似的或相关的思想。消极的心态就像蜘蛛网缠住昆虫的翅膀、脚足一样，甚至会使最坚强的人生病。而相反，积极的心态能使我们不

断努力，不断挖掘最深处的潜力，而这也就是我们之所以能成功的原因。有时候，这种自信、积极甚至是必胜的心态会有惊人的力量。这是发生在非洲的一个真实的故事。

6名矿工在很深的井下采煤。突然，矿井坍塌，出口被堵住，矿工们顿时与外界隔绝。大家你看看我，我看看你，一言不发。他们谁都能看出自己所处的状况。凭借经验，他们意识到现在面临的最大问题是缺乏氧气，如果应对得当，井下的空气还能维持3个多小时，最多3个半小时。外面的人已经知道他们被困了，但发生这么严重的坍塌就意味着必须重新打眼钻井才能找到他们。在氧气用完之前他们能获救吗？这些有经验的矿工决定尽一切努力节省氧气。他们说好了要尽量减少体力消耗，关掉随身携带的照明灯，全部平躺在地上。

在大家都默不作声，四周一片漆黑的情况下，很难估算时间，而且他们当中只有一人有手表。所有的人都向这个人提问题：过了多长时间了，还有多长时间，现在几点了……时间被拉长了，在他们看来，2分钟的时间就像1个小时一样，每听到一次回答，他们就感到更加绝望。他们当中的负责人发现，如果再这样焦虑下去，他们的呼吸会更急促，这样会要了他们的命。所以，他要求由戴表的人来掌握时间，每半小时通报一次，其他人一律不许再提问。大家遵守了命令。当第一个半小时过去的时候，这人就说："过了半小时了。"大家都喃喃低语着，空气中弥漫着一股愁云惨雾。

戴表的人发现，随着时间慢慢过去，通知大家临近最后期限也越来越艰难。于是他擅自决定不让大家死得那么痛苦，他在告诉大家第二个半小时到来的时候，其实已经过了45分钟。谁也没有注意到有什么问题，因为大家都相信他。在第一次说谎成功后，下一次通报时间就延长到了一个小时以后。他说："又是半个小时过去了。"另外5个人各自都在心里计算着自己还有多少时间。表针继续走着，每过一小时大家都收到一次时间通报。外面

的人加快了营救工作，他们知道被困矿工所处的位置，他们很难在4个小时之内救出他们。4个半小时到了，最可能发生的情况是找到6名矿工的尸体。但他们发现其中5人还活着，只有一个人窒息而死，他就是那个戴表的人。

在这种情况下，人们本能的求生意识被激发，原本只能维持三个半小时生命的矿工们居然坚持了四个半小时，这就是信心的力量。而那位戴表的矿工在时间逝去的提醒下，丧失了信心，"哀莫大于心死"，他是被内心的恐惧打败了。"人生最重要的才能，第一是无所畏惧，第二是无所畏惧，第三还是无所畏惧。"这五名矿工之所以能活下来，再次证明了这个道理。信心能使人们具备顽强的意志力，并可能会"起死回生"。

从这个故事中，我们可以发现，如果我们认为并且相信自己能够更进一步，那么成功的可能性就更大。信心是一种心境，有信心的人不会在转瞬间就变得消沉沮丧。没有信心的人在遇事时通常也就否定了自己的能力，放弃了让自己成功的机会。

西点启示

"人生最重要的才能，第一是无所畏惧，第二是无所畏惧，第三还是无所畏惧。"只要有信心，我们的潜力就可以被最大限度地挖掘，这种潜力是无法估量的。在走向成功的路上，我们可以缺乏任何东西，但就是不能缺少一样东西，这就是自信。

那么，生活中的男孩们，你是否还认为是自己的智慧与能力限制了你的发展呢？实则不然，从现在起，从培养信心开始，挖掘自己的潜力吧，因为自信绝对不是一个空洞的口号，而是一个渴望成功的人必须具备的素质，一定要让它扎根在灵魂的深处，跟随自己的心灵一起飞翔。

★万事俱备，欠缺自信亦会落空

生活中，我们可能遇到过这样的人，在一切规划完善后急需实施时，却打起了退堂鼓，而原因就在于此人欠缺自信，害怕失败，于是，一切化为泡影。而在战场上，如果每个士兵都这样，那么势必会导致战争的失败，危及人民的生命和国家的安全。任何一个西点人的"字典"里，是没有"自卑"这个词的，他们在任何一项学习和任务中，都是满怀信心、无条件执行，而不是临阵退缩。西点军校1886年毕业生、美国"铁锤将军"潘兴的一句名言是："请只告诉我结果，不必做出更多的解释。"执行上级的命令，全力以赴地完成，即使牺牲自己的生命也在所不惜。这是千百年来每个军人最基本的职责。

新时代的男孩们，在追求成功的过程中，更不能畏首畏尾，在"万事俱备，只欠东风"的时候，就大胆、积极、自信地实现自己的梦想吧，和西点的学员们一样，不为自己找任何退缩的借口。要知道，"只为成功找方法，不为失败找借口"是西点人内在的一种精神。在西点军校的教育中，西点让学员们明白：无论遭遇什么样的环境，都必须学会对自己的一切行为负责。学员日后肩负的是社会的安定和国家的安全。在生死关头，你还能到哪里去找借口？

在中国的战争史中，利用提升士兵的信心和勇气来赢取胜利的案例已不鲜见。我们来看看这个战争故事。

鲁庄公十年的春天，齐国军队攻打鲁国，鲁庄公将要迎战。曹刿请求庄公接见。一番周旋后，鲁庄公和曹刿一起迎战，在长勺和齐军作战。庄公一上阵就要击鼓进军，曹刿说："现在不行。"齐军擂过三通战鼓后，曹刿说："可

以击鼓进军啦。”齐军大败。庄公正要下令追击，曹刿说：“还不行。”说完就下车去察看齐军的车印，又登上车前横木瞭望齐军的队形，这才说：“可以追击了。”于是鲁军追击齐军。

打了胜仗以后，鲁庄公询问取胜的原因。曹刿答道：“打仗，要靠勇气。头通鼓能振作士兵的勇气，二通鼓时勇气减弱，到三通鼓时勇气已经消失了。敌方的勇气已经消失而我方的勇气正盛，所以打败了他们。齐是大国，难以摸清它的情况，怕的是有埋伏，我发现他们的车印混乱，军旗也倒下了，所以下令追击他们。”

的确，击鼓可以激起士气，但“一鼓作气，再而衰，三而竭”，已经没有了勇气的士兵怎么可能会取得战争的胜利呢？在现实生活中也是如此，在“万事俱备，只欠东风”的情况下，如果我们偃旗息鼓，那么，也只能以失败告终。每个男子汉都必须具备强有力的执行力，关键时刻因为欠缺自信而掉链子，也只能一事无成。同样，在西方历史上，那些能扭转局势，最终取得胜利的战役也大多数是因为信心和勇气的催化作用。

西点名将艾森豪威尔曾经说过这样一个故事。

在“二战”时期，盟军决定在诺曼底登陆。在正式登陆之前，艾森豪威尔决定在另外一个海滩先尝试一下登陆的困难。他把这个任务交给了三位部下。经过多次讨论，那三位部下一致认为：这是一次不可能成功的行动，所以他们力劝艾森豪威尔取消这个计划。后来艾森豪威尔把这个任务交给了希曼将军。希曼将军没有提出任何借口就接受了这一任务。这一次战斗是极其惨烈的，盟军损失了1500人，几乎全军覆灭。但是这一场战斗为后来的诺曼底登陆提供了不可多得的经验和教训，从而使诺曼底登陆一举成功。

可能希曼将军在接到任务的时候，也没有把握能否完成任务，但他没有退缩，而是满怀信心地接受了任务并努力做到了。关键时刻用信心激励自己并坚持到底，体现的是一种负责、敬业的精神，一种服从、诚实的态度，一

种较强的执行能力。而现代社会需要的正是具备这种精神的人:他们相信自己的能力,相信自己能完成任务,并不找任何借口推脱。男孩们,如果你想成为一个社会需要的人才,首先就必须具备这一品质。

一支有信心的军队是总能打胜仗的军队,一个有信心的企业是具有核心竞争力的企业。对于当代企业而言,一个员工最重要的就是执行力,而是否具有执行力很大程度上取决于一个人有无自信,有自信的人自然有决心,也就会为执行付出努力。

西点启示

每一个人在做任何事情的时候,都不一定能成功,但是在万事俱备的情况下,只有勇敢、抛弃畏惧,只有秉持“我能做到”这种信念,才有可能激发起一个人无比的毅力,产生出最大的效果。

从这一启示中,男孩应该从以下两点树立信心。

1. 不要轻易放弃

坚持到底是一种最值得提倡和嘉奖的品质。信心是在不断的努力、不断的进步中逐步建立的,中途放弃、半途而废是造成我们缺乏自信的重要原因。所以,凡是我们认为应该做而且已经着手做的事情,就不要轻言放弃。在你放弃的时候,你可能会感到很轻松,但事情过后,挫折和失败就会不断地增加你的心理压力,直到你产生内疚,产生自卑。所以,千万不要为自己找任何理由放弃你应该做和正在做的事情。

2. 做事有计划,减少出错的可能

世界上什么东西能给人带来信心?成就。成就是靠什么取得的?努力。努力是取得成就的必要条件。但仅仅努力还不行,做事还要讲究方法、效率。做好计划、按计划行事不仅可以提高工作效率,而且可以减少出错的

可能，也就减少丧失信心的机会。

★ 拥有自信，才能主宰自己的人生

有人说成功的人一定要有智慧，而智慧又从何而来呢？智慧的来源有三个：一是从你的知识而来，二是从你的经验而来，三是从自我反省而来。有智慧的人是能坚持到底的人，是充满自信的人，这样的人就是能永远散发着成功特质的人。任何一个成功者，无不是个自主的人，他们走自己的路，不为路上的任何风景分神。现实生活中的很多男孩都渴望成功，但却把自己的命运交到父母、长辈们手里，要知道，一个真正的男子汉是能紧紧扼住自己命运的咽喉的人。从西点军校毕业的每个成功人士无不具有这样的特质。

自1802年建校以来，西点军校已经培养出2名美国总统、4名五星上将、3700名将军，美国陆军40%的将军都来自西点。另外，在当今世界500强企业中，约有1000名董事长、5000名总经理毕业于西点军校——任何一所商学院都没有培养出如此多的管理精英。北京大学国际MBA美方院长杨壮也是欧美同学会2005委员会的理事，他曾访问一个退休的西点将军，问了这样一个问题："一生当中，最让你感到沮丧的事是什么？"老将军思索了10秒钟，然后坚定地说："没有，我从来都蔑视任何挑战。"而杨壮是这样理解西点军校关于自信的定义：每一个从西点走出来的人，他的自信都来自实实在在的"四年苦日子生涯"，来自百折不挠地完成许多"不可能完成的任务"，因此，他们的"自信心就是相信自己在任何情况下，即便是在受到压力又得不到所需要信息的情况下，也能够正确无误地采取行动"。

的确，任何一个成功的西点人都拥有与众不同的人生，他们都是以自信的精神面貌蔑视任何挑战，尽管校纪校规要求他们做到绝对服从，但这与培养他们自主的精神是不冲突的。

自信是成功的前提。而在现实生活中，如果你让别人来指出你的缺点，相信你会看到很多不足，而让别人来指出你的优点，相信你也会得到很多赞扬。而如果我们能运用正确的思维方式，不完全相信听到的、看到的一切，也不要因为他人的指责而鄙视轻视自己，从而产生自卑感，或许我们就能坚持自己的主见。

一位画家把自己的一幅佳作送到画廊里展出，他别出心裁地放了一支笔，并附言："观赏者如果认为这画有欠佳之处，请在画上做上记号。"结果画面上标满了记号，几乎没有一处不被指责。过了几日，这位画家又画一张同样的画拿去展出，不过这次附言与上次不同，他请人们观赏时将他们最为欣赏之处都标上记号。当他再取回画时，看到画面又被涂满了记号，原先被指责的地方却都换上了赞美的标记。

这位画家不受他人的操纵，自信而不自满，善听意见却不被意见所左右，执著但不偏执，表现出了一个自信的人所应有的那种风范。世界上每个人看事情的角度是不一样的，所以绝不要企求得到每一个人的赞扬。画家的事就是很好的说明。如果画家在受到指责之后，沮丧不已，认为自己不行，他可能就此消沉下去，没有信心再继续从事美术创作了。

男孩们，在追求成功人生的过程中，如果你的头脑已经被失败的思维所占据，必然会产生可悲的结果。而相反，充满自信的心态必然会产生成功的结果。只有多看到自己的优势，多想一想自己曾经有过的成功，自己才会更加自信。否则，越是自卑，越是跳不出自己的思维模式；越是跳不出自己的思维模式，就越觉得自己不行；觉得自己不行，就要依赖他人，受他人的操纵。如此这样，每失败一次，自信心就会受到一次打击，久而久之，一切就会按照别人的意见行事，一切就会让别人来操纵，可悲的事情就会接踵而至。

我们的人生自主权也就从自己的手上悄悄溜走了。因为只有拥有自信，才能用正确的观点来看待别人和看待自己，所以在任何情况下都不要迷失自己，被他人操纵。

西点启示

“有自信心的人，可以化渺小为伟大，化平庸为神奇。”自信才能主宰自我的命运。自信走出光明路，没有谁能够给予我们成功，成功必须依靠自身的奋斗来取得。每个渴望成功、渴望荣誉的人，都应该自强不息，为了自己而奋斗！命运掌握在你自己手中，世界也将在你的奋斗过程中慢慢向你展现。

从这一启示中，男孩们需要从以下两个方面来努力做到掌控自己的人生。

1. 不要让自己成为别人

你可以模仿别人，但千万不要让自己成为别人，你就是你自己，你一定要找到你自己的独特之处，显示自己的个性。同时，如果你想要成为别人，那么你就会生活在别人的影子里，看不到独立的自己，那你就永远也不可能找到自信。

2. 要为自己确立长远的人生目标

确立目标既是人生成功的需要，也是激发人的潜力、最大化地创造价值的需要，所以，人生一定要有目标，有了目标，你就会想方设法为达到目标而努力，因而就不会为是否自信以及目标以外的事情所烦恼。其实，设立目标本身就是自信心的一种表现，你在心中有了目标，你的潜意识就会调动你所有的能量，为实现目标而努力。但在制订目标时要注意，一定要使目标切合自己的实际，不要好高骛远。否则，一旦目标实现不了，你就会因此产生挫

败感,从而打击你的自信,使你丧失信心。

★男子汉需要不断积累自信

我们常说"人无完人",每个人依然都有自己的长处和优点,但现实生活中,并不是每个人都能认识到这一点,也不是每个人都能做到不怀疑自己。而自信是一种认知的开始,因为透过自我审视,才能了解自己的专长、能力和才华。而事实上,很多男孩并不具备这种认知意识,更多时候,他们反倒显得自卑。克服自卑并不是一朝一夕的事,男子汉需要不断积累自信。

在西点,每个学员并没有因为周围人的优秀而自卑。他们每个人都在严酷又激烈的教育中继续彰显着自己的个性和自信。"西点军校是特别能打消傲气的地方。我来自一个小镇,在那里,我是优等生,而且还是一个运动队的头。我来到西点后发现,我的同学中60%是运动队的头,20%是所在中学的尖子生。今天你还是一个地方明星,明天你就只是数千强者中微不足道的一个。"这是西点1987届毕业生戴夫·麦考梅克,也就是Free Markets公司高级副总裁的一段话。西点的每个人都在为实现自己的梦想而努力着,丝毫不退缩。

在西点,人人都是领导,人人都被领导。每个人争当榜样,每个人都评估别人。学员对其同学的正式评价计入总成绩。克莉斯·凯恩是C-2连霍珀手下的一名排长,她说:"每个人都是教师,那就是我喜欢这个地方的原因。我们都是教师。"在这个24小时运转的领导实验室里,学生们获得谦卑的品质。作为领导者,若无跟随者,他们一无是处。

有人问:"为什么我们让这些孩子经受四年斯巴达式的教育?你住在冷

冰冰的兵营，上午9点30分之前不能往垃圾桶里倒垃圾，水池必须始终干净，不堵塞。如此多的规定和规则，为什么还有这么多的孩子来到这里？"

"因为一旦毕业，你将被要求全无私心。在军队的这么长时间里，你将要吃苦，将在圣诞节远离家人，将在泥地上睡觉。这里有许许多多的东西让你把自我利益放在次要地位。因此，必须习惯这样。"

这是学员在西点军校学到的核心。他们既在课堂上听，每天也在四周亲眼看到这些。他们看到伟大领导者在鼓舞和激励别人，因为他们关心自己的士兵，因为他们愿意亲自做任何他们要求别人做的事情。四年级学员兰迪·霍珀说，"观察任何一位做成大事的领导人。我看到他们都具有仆人精神。不做出牺牲，就没法领导他人。"

西点军校的教育旨在为美国军界不断输送出色的军事指挥人才。我们可能很少注意到，在美国商界活跃着这样一批人；他们取得了骄人的业绩，但他们并未在商学院接受正规的商业教育，令人惊异地是，他们都毕业于西点军校。

现实生活中那些自卑的男孩们也应该像西点军人一样，在做好自身知识积累和经验储备的同时，也要培养自己的信心，立志让自己成为一个做大事的人。自信心的积累也需要一个过程，任何人都并不是在刚开始就踌躇满志，但无论如何，我们都要相信自己，肯定自己。因为自信能走出光明路，而相信自己的才华是自信的开始。

很多作家、明星、演员在未成名之前，都曾受到过冷落和轻视，但是有自信的人却能够看淡这一切，继续走自己的路，并经过一番努力获得成功。"天下没有白吃的午餐"，天下更没有"不劳而获"的事情，重要的是，你要有自信。

台湾畅销书作家刘墉，他的第一本书《萤窗小语》写完之后，没有一家出版社愿意出版。后来是他自己花钱印刷出版，没想到却大受欢迎，连当初拒绝他的出版社都跌破眼镜。刘墉对于自己今天的成就，他由衷地感谢那位

退他稿件的出版商。他说:“幸亏他的退稿,我才有今天。”刘墉是这样看待这件事情的:“当你站在这个山头,觉得另一座山更高更美而想攀上去的时候,你第一件要做的事就是走下这个山头。”所以,今日的刘墉即使成功了,他仍然坚持他所坚持的,不会因别人眼光而改变,他认为一个人“眼光要放远,脚步要放大”。

的确,无论任何时候,唯有自己相信自己的才华,别人才可能相信你,自己若不放弃,别人又怎么能放弃你呢?唯有相信自己的人,才能在遇到挫折的时候努力走出自己的路,不因别人的评价而放弃自己,没有任何人可以阻止你成功,除非你先放弃了自己。

西点启示

成功的过程不仅仅是一个为成功积累知识和经验的过程,更是不断积累自信心的过程。从现在开始,从点滴做起,不断积累自己的自信心吧!

这一启示告诉男孩,必须做到以下两点。

1. 做好每一件事

在现实生活中,一些人之所以缺乏自信,是因为长期受到挫折的结果,日常一些小事情上没有处理好,不断积累,不断地给自己增加心理压力,久而久之,就会在心理产生一种失败感,觉得自己什么事情也做不好,因而缺乏自信。所以,建立自信的最好办法就是认真对待每一件小事。凡是自己认为应该做的事情,不论大小,都要认真对待,把它处理好,要给自己一个交代,让自己满意。

2. 我能行

人的自信是一种内在的感受,需要由你个人来把握和证实。所以,在做任何事情的过程中,一定要对自己说“我能行”。比如,在你遇到重要的事

情，需要鼓起勇气来面对时，你可以说："造物主生我，就赋予我无穷的智慧和力量，凡事能做。"这样可以增强自己内在的信心、激发自己内在的力量，从而成功地达到目的。

第3章

刚毅坚定，让困难在男子汉的脚下屈服

——像西点军人一样刚毅坚强，永不服输

坚忍不拔，永不放弃，每一个西点人都有积极向上的意志力。在西点军校，几乎每一天都有高强度的学习和训练，学生要面对持续的紧张和压力。但在他们脸上从来看不到沮丧。他们有不放弃任何事情的决心。仿佛没有任何东西能摧毁他们阳光的笑容。相较之下，生活中的男孩们呢?发自内心的坚强、充满激情的意志力，这是你们所欠缺的。具备超强的意志力，是具备执行能力、领导能力、学习能力的前提，而这些能力已成为现代社会衡量一个人的更重要的因素。那么，就从现在起，和西点军人一样，着力培养自己的这一品质吧！

★拥有一颗刚毅的心就会得到灿烂的人生

看古今成大事者，都有一个共同的特点，那就是自强不息，拥有一颗刚毅的心。要知道，现今社会，谁若不能主宰自己，谁就永远是一个奴隶。渴望成功的男孩们，你们天性刚强，必定有自强不息的力量。精诚所至，金石为开。任何一件事能够成功，并做到一帆风顺其实很不简单，而通常情况下，只有刚毅、自强不息的人才能做到不畏困难，排除千难万险，并突破人生的困厄走向成功。

谁都不能否认一个事实，很多西点人都经历着种种苦难，遭受着种种挫折和打击，这的确是人生的磨炼。可是，人们也惊奇地发现，无数杰出的西点人都是从苦难中走过来的，正是苦难成就了他们，苦难对于他们来说，是上天的一种恩赐。

西点学子非常敬仰美国总统罗斯福。罗斯福在上学的时候，一到课堂上，他就显得很恐慌，呼吸就好像喘大气一样，回答问题，吞吞吐吐，含糊不清。如果被喊起来背诵，他这种恐惧感就更为明显，并立即会双腿发抖，嘴唇也颤动不已。然而，这些缺点并没有磨灭罗斯福奋斗的心，相反，正是因为这些不足的存在，他在学习上比别人付出更多的努力。他有时也会因为同伴对他的嘲笑而丧失勇气。但是他用坚强的意志，咬紧自己的牙床使嘴唇不颤动而克服他的惧怕。

由于罗斯福没有在困难面前退缩和消沉，而是顽强地与之抗争。他不因缺憾而气馁，甚至加以利用，后来很少有人知道他曾患有严重的恐惧症。

的确，我们才是自己的救世主。在困难面前，只有做到不退缩、勇敢向

前，才能冲破困境，迎来胜利。所以，男孩们，不要认为你的梦想实现不了，除非你放弃了一个刚毅的心。

德国诗人歌德在他的不朽名著《浮士德》中说："凡是自强不息者，终能得救！"对于自强不息、奋发向上者来说，身体的残疾不是障碍，只要信心不垮，仍能做出令人吃惊的成绩。

约瑟夫·贺希哈是一位股票经纪人，他从250美元起家，不到一年就拥有了168万美元。

小时候，贺希哈一度沦为在垃圾桶里寻找食物的小乞丐。受父母的影响，贺希哈"人穷志不短"，在乞讨过程中，他没有像其他孩子那样走向堕落，而是渴望有朝一日能取得事业的成功。在街头乞讨的日子里，他每天都在捡拾别人扔的报纸、杂志和书，晚上就借着路灯读白天拾到的书报。由于他强烈渴望摆脱贫困，他对书报上的经济信息尤其是对股票信息渐渐产生了浓厚兴趣。"兴趣是最好的老师"，他想尽一切办法去钻研股票和股市行情。这一段时期的学习为他日后的发展奠定了基础。

用不到一年的时间把250美元变成168万美元，这是一个奇迹。那么，这个奇迹是怎样产生的？贺希哈摆脱贫穷的渴望非常强烈，他对成功的渴望非常强烈，对股票有着浓厚的兴趣，对股票的学习很深入，对股市很熟悉，我们完全可以说，股票投资是贺希哈最想做而又最能做好的工作。如果找到了自己最想做而又最能做好的事，并拥有超强的意志力，那么，只要250美元，你也能创造奇迹。

有句话说得好，"命运掌握在自己手里"。如果一味地将自己的命运交由别人主宰，在逃避所有的责任与打击的同时，我们还将失去自信、依靠自己努力获得成功之后的幸福感和成就感。

男孩们，你要敞开胸怀接纳社会赋予你的一切。的确，你还年轻，人生旅途上可能沼泽遍布，荆棘丛生，也许会山重水复，也许会步履蹒跚，也许我们需要在黑暗中摸索很长时间，才能找寻到光明……但这些都算不了什么，

一个人只要有刚毅的心，能把握自己该干什么，那么就应该勇敢地去敲那一扇扇机会之门。逆境和困难对于你来说，也是一笔成长的财富，你要用自己的全部努力化悲伤为力量、从过去的失败中汲取智慧和勇气，然后用这些力量、智慧和勇气去开拓属于自己的生活和事业，掌握自己的命运！

西点启示

强者是因为他敢于接受挑战，自强不息，正是这种自我肯定给他带来了源源不断的动力，让他最终能够实现自己的价值。即使身处逆境，只要你敢于挑战自我，勇于突破极限，那么逆境就会变成推动你前进的动力。

从这启示中，男孩们应该能正视人生中的种种境况了，面对困境和挫折，你们需要抱着这样的心态。

1. 困难是一笔宝贵的财富

经历苦难是一种痛苦，因为苦难常常会使人走投无路，寸步难行，苦难常常会使人失去生活的乐趣甚至生存的希望。但有过苦难体验的人，都不会忘记在泥潭里奋力挣扎的情景。苦难能磨砺人的意志，使你的心愈发坚强。当你战胜苦难之后，这种由苦难带来的痛苦往往也会变为千金难买的人生财富。

2. 胜利只属于坚持到最后的人

拥有坚韧和耐心，坚定必胜的信念，勇敢地与困难拼搏，就一定能有所成就。胜利只属于坚持到最后的人。成功的人之所以能够成功，是由于他们具有坚忍不拔的毅力，更重要的是他们能够把失败化作无形的动力，从而最终反败为胜。

★ 身为硬汉，就要有坚韧的意志力

意志力是指一个人为了实现预定目的，通过意识的积极调节作用，克服内在或外在的困难，支配自己的行为的心理特征。意志力可被视为一种能量，而且根据能量的大小，还可判断出一个人的意志力是薄弱的，还是强大的。作为新时代的男子汉，具备坚韧的意志力是成功的必备条件之一。

坚韧不拔，永不放弃，每一个西点人都有积极向上的意志力。西点几乎每一天都有高强度的学习和训练，学生要面对持续的紧张和压力。但在他们脸上从来看不到沮丧。他们有不放弃任何事情的决心。仿佛没有任何东西能摧毁他们阳光的笑容。曾经有人访问一位退休的西点将军："一生中，最让你感到沮丧的事情是什么？"老将军思索了10秒钟，然后坚定地说："没有。我从来都蔑视任何挑战。"听后人们都被震撼了，西点人竟是如此坚强。

和这位年迈的将军相比，很多年轻的小伙子的内心则显得有点脆弱，他们的情绪往往被外界所左右。发自内心的坚强，充满激情的意志力，这是他们所欠缺的。

第二次世界大战结束后，在德国的土地上到处是一片废墟。美国社会学家波普诺带着几名随从人员到实地察看。波普诺向随从人员问了一个问题："你们看像这样的民族还能够振兴起来吗？""难说。"一名随从人员随口答道。"他们肯定能！"波普诺非常坚定地给予了纠正。"为什么呢？"随从人员不解地问道。波普诺回答说："任何一个民族，处在这样困苦的境地还没有忘记爱美，桌上还都放着一瓶鲜花，那就一定能在废墟上重建家园！"

的确，如果一个人失去了意志力，那么，他就真的失败了。相反，如果他

的意志不倒，不管命运怎样考验他，他最终都能看见希望的曙光。在这个世界上，在很多情况下，人所处的绝境并不是真正的生命绝境，而是一种精神和信念的绝境。作为一个男子汉，无论你处于什么样的境况，都不要让你的精神和信念垮下来，在绝望中你也仍要追寻希望之花！

艾森豪威尔中学毕业时，因家境贫寒，成绩优异的他只能选择报考免收学费的西点军校。

艾森豪威尔到西点不久，就赢得了“操场上的小鸡”的称号。因为他经常在排队吃早饭时迟到，而上午八点例行检查时，又“坐在椅子上睡着了”。另外，他还“在跳舞时捣乱”。为此，艾森豪威尔不得不接受惩罚：在操场上来回走步，像小鸡在田间来回走动一样。

艾森豪威尔在西点的四年成绩平平，还曾因抽烟和动作拖拉等各种小过失受到过多次记过处分。最严重的一次，他因无视警告出入舞厅从军士降为二等兵。

一次，他同时接到五份处罚通知，命令他从接到通知时起，连续 30 天在操场上走步以示惩罚。艾森豪威尔痛定思痛，决心以一种全新的面貌投入到军校生涯。38 年后，艾森豪威尔成为美国总统。

艾森豪威尔从一个前后反差较大的西点学员成为美国总统，这不是天方夜谭，而是痛定思痛后奋斗的结果，这也不是命运垂青的结果，而是他具备成功者的心态的结果。命运一直藏匿在我们的思想里。有些人总认为自己不会成功，尤其在人生的低落期，他们走不出失败或者犯错的阴影，而这并非因为他们天生的个人条件比别人要差很多，而是因为他们没有要将阴影突破的意识，也没有慢慢地找准一个方向，一步步地向前的耐心。

我们总是羡慕那些成功者，为他们喝彩，但我们是否看到他们奋斗的过程呢？要知道，在人生道路上，困难和挫折是难免的，人生起起落落也无法预料，但是有一点我们一定要牢牢记住：永不绝望。当我们身处逆境时，千万不要忧郁沮丧，无论发生什么事情，无论你有多么痛苦，都不要整天沉溺

于其中而无法自拔，不要让痛苦占据你的心灵。困难来临时，我们要有勇气直面困难，以顽强的意志战胜困难。

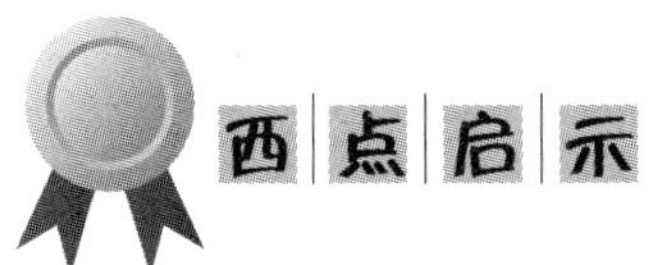

西点启示

在我们追求成功的过程中，总免不了出现一些让我们心烦意乱的“小插曲”，但只要自己不放弃希望，充满信心，就可能战胜困难而获得成功。你若告诉自己可以办好某件事，不论它有多艰难，你也可以办好。

那么，男孩们怎样才能增强自己的毅力呢？

1. 强化正确的动机

人们的行为都是受动机支配的，而动机的萌发则起源于需要的满足。什么也不需要或者说什么也不追求的人，就不会有动机。人，都是有各自的需要，也有各自的追求。只是由于人生观的不同，不同的人总是把不同的追求作为自己最大的满足。斯大林说，伟大的目的产生伟大的毅力。从奥斯特洛夫斯基和张海迪身上，我们可以充分地看到，崇高的人生目的能够有力地激发坚韧的毅力。

2. 从小事做起，可以锻炼毅力

人皆有毅力，人皆可以锻炼毅力，毅力与克服困难伴生。克服困难的过程也就是培养、增强毅力的过程。毅力不很强的人，往往能克服小困难，而不能克服大困难。但是，从克服小困难开始锻炼毅力，也能够克服大困难。今天，你或许挑不起一百斤的担子，但你可以挑三十斤，这就行。只要你天天挑，月月练，总有一天，一百斤的担子压在你肩上，你也能健步如飞。

3. 培养兴趣能够激发毅力

有人说兴趣是毅力的门槛，这话是有道理的。诺贝尔物理学奖获得者丁肇中说：“我经常不分日夜地把自己关在实验室里，有人以为我很苦，其实

这只是我的兴趣所在，我感到‘其乐无穷’的事情，自然有毅力干下去了。”

★发现问题，离胜利就更近了一步

人生的路是崎岖不平的，而生活的主旋律就是磨难与成长，生活的智慧就是在逆境中不断积累的经验。面对生活中的种种失意与挫折，我们必须学会辩证地看待问题，积极调整心态，练就能屈能伸、能上能下的功夫。作为一个年轻人，男孩们在意志的果断性、忍耐性和顽强性上磨炼自己，这是十分必要的。韧性也就是意志的忍耐力，是把痛苦的感觉或某种情绪长时间地抑制住，不使其表现出来的能力。顽强忍耐的人，跌倒了再爬起来，这样，力量也在一次次的跌倒和爬起中不断增长。蓦然回首，你会发现，困难与挫折也是一种财富，因为当你停下脚步思考成败的时候，如果你发现了问题，你就离胜利更近了一步，人生本是就是这样一个不断思考、不断悔悟、不断进步的过程。

面对困难，西点人就能豪迈地说：“青春，当与磨难同行！”无论你坐在宽敞的大厅还是躲在黑暗的角落，年轻的你都应该明白：平静的湖面练不出精悍的水手，安逸的环境造不出时代的骄子。

的确，人这一辈子，怎会不遇到困难！面对困难，不同的人会选择不同的态度去对待，会以不同的方式去处理，这也就导致了不同的结果。困难与挫折并不可怕，可怕的是在困难面前沉沦下去，而不是发现问题、解决问题。任何一个成功的人都把困难当成攀登人生高峰的另一个台阶。

《哈利·波特》的作者罗琳是西点学子景仰的人之一，她在哈佛大学2008年毕业典礼上演讲时说道：“失败给了我内心的安宁，这种安宁是不会从一帆风顺的经历中得到的。失败让我认识自己，这些无法从其他地方学到。我发现自己有坚强的意志，而且自我控制能力比自己想象得还要强，我也发现自己拥有比红宝石更珍贵的朋友。”

汤姆·克鲁斯出身贫寒。他12岁时，父母离婚了，他与三个姐妹跟随母亲生活。克鲁斯患有阅读障碍症。他的病症使他学习起来非常吃力，学过的东西又很难记住。尤其糟糕的是，他的病症在很长一段时间里没被察觉，后来才被母亲发现。于是，他被转到专为智力低下的孩子开设的“特教班”。因为这些，他很自卑，常常低着头，沉默寡言。

上中学时，他突然发觉自己爱上了电影，他开始尝试演一些戏剧。但导演们认为他表演时“热情得过了头”。1981年，他来到洛杉矶，获得一部情景剧中一个一闪即逝的小角色。1983年，他主演了4部电影。他主演的第一部电影由于故事情节不佳和他稚嫩的表演，该部影片非常失败。

在一连串挫折中，他不断反思自身的不足，一步步克服和改进。1986年，他在一部描写美国海军战斗机飞行员的影片《壮志凌云》中初获成功，成为一大批美国年轻人心目中的偶像。此后他数度问鼎奥斯卡金像奖、美国电影金球奖。

汤姆·克鲁斯的经纪人保罗·瓦格纳说：“克鲁斯从许多的迷雾和荆棘中发出光来。他不断绕开上帝设置的障碍，并改变自己。”

汤姆·克鲁斯在电影事业上的成功证明了巴尔扎克的这句话：“挫折就像一块石头，对弱者来说是绊脚石，使你停步不前，对强者来说却是垫脚石，它会让你站得更高。”正是一连串的打击，让他认识到自身的不足，发现问题并找到了突破口。生活中的男孩们，可能你也怀揣梦想，但往往不是因为梦想的远大而难以实现，而是你在小小的困难面前就驻足不前了，但如果你在停下脚步的时候，多思考自己的不足，思考自己为什么失败，总有一天，你会与成功结缘。

虽然我们都希望生活能一帆风顺，但人生不如意事常有八九，谁都有遇到挫折、甚至失败的时候。也许不是每一个人都会经历大起大落，却没有人

能避免失意落寞。人生在世,难免要遭遇重重困难、坎坷甚至沉重的打击。面对这些,你可以伤心,可以哭泣,也可以悔恨,但最重要的是——你不能丧失面对它的勇气！想想吧,意志消沉有何意义?心情悲哀又有何用?雨打桃花,零落成泥碾作尘,它不会因为你的叹惋而重新飞上枝头;风吹落叶,凋伤总属劫尘飞,它也不会因为你的痛苦而再上枝干成新叶。那么,你不妨冷静下来,认真想一下,是什么导致了失败,该如何改进。如果我们在挫折面前勇敢地迎难而上,那么人生将会是一个缤纷多彩的世界。

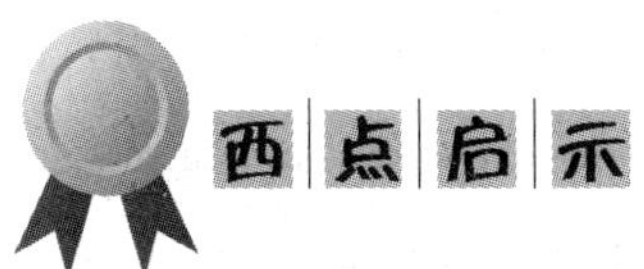

西点启示

苦难使得我们的人生更加多彩。因为它是一笔人生财富,它把我们的人生意志磨砺得更加顽强。有了一次次的困难,你才会一次次发现自己的不足,你便会增加一分战胜凄风苦雨、冷霜冰雪的力量,去创造你的价值,让你的人生更加辉煌。

当你身处困难时,可以做这样一些调整。

1. 遇到挫折时应当学会冷静分析,从主客观条件等多种因素找出受挫的真正原因,从而采取有效的补救措施。不在同一个地方犯同样的错误无疑是正确的选择。

2. 要认识到恰恰是挫折和教训才使你变得聪明和成熟,正是失败本身才最终造就了成功。要培养辩证的挫折观,经常保持自信和乐观的态度。

3. 要能容忍挫折,心怀坦荡,情绪乐观,发愤图强,满怀信心去争取成功。适度地转移和忘却,并不是逃避,而是最好的积蓄力量的机会。

4. 一个有远大抱负的人,应当加强化压力为动力方面的修炼。也就是说,面临很大外在的心理压力的时候,不气馁,不懈怠,而是继续勇敢地迎接挑战。我们可以找出许多学习的榜样,各行各业都有。很多名人、伟人在挫

折和失败面前，从不低头、气馁，而是善于化压力为动力，从逆境中奋起。他们的成功经历很值得我们去深思、去学习。

★既然困难不可避免，我们何不坦然面对

在生活的道路上，极少有人是一帆风顺的，都会遭到这样或那样的挫折和困难。有的人在逆境中奋起，做出惊人的成绩，也有的人没有勇气正视人生，沉沦下去，颓废一生。如果我们转换一种思路，既然困难不可避免，那么我们何不坦然面对困难，去征服困难呢？渴望成功的男孩们，具备这一心态并做好征服困难的准备，是你们在走好人生路的热身运动。

西点军校前校长伊·L·班尼迪克说："遭遇挫折并不可怕，可怕的是因挫折而产生对自己能力的怀疑。只要精神不倒，敢于放手一搏，就有胜利的希望。"的确，困难是对成功者的考验，任何重大的成功往往要经过一波三折方可获得。镭的发现者，玛丽·居里在研究的过程中也是充满了挫折，兄弟、丈夫在实验中丧生，家庭经济因为实验而捉襟见肘，一次又一次的失败、一次又一次的挫折打击着她，但她没有放弃，没有沉沦，而是在一次又一次的挫折中奋起，最终研制出镭，获得诺贝尔奖，同时也造福全人类。

挫折也能磨炼一个人，使一个人逐渐走向成熟。著名作家史铁生，因病致瘫。开始时，他恨过，也怨过，甚至想到过放弃生命，对生活满心怨愤，脾气也非常暴躁。但最终他还是坚持住了，并且成熟了，他在作品《病隙碎笔》中记录了自己在困厄之中的陷落与自救——那是一种不折不扣的自救，"有一天，我认识了神，在科学的迷茫之处，在命运的混沌之点，人唯有乞灵于自己的精神，不管我们信仰什么，都是我们自己的精神的描述与引导"。在这

种精神的引导下，他勇敢地面对挫折，把挫折当成财富，当成上帝对他的垂爱，经过努力，他终于成熟，成为大作家。

而最重要的是，困难是无法避免的，任何惋惜与沉沦都改变不了现状，而唯有征服可以有所改变。

一位很有名气的心理学教师，给学生上课时拿出一只十分精美的咖啡杯。当学生们正在赞美这只杯子独特的造型时，教师装出失手的样子，咖啡杯掉在水泥地上摔成了碎片，学生们发出了惋惜声。教师指着咖啡杯的碎片说："你们一定对这只杯子感到惋惜，可是这种惋惜也无法使咖啡杯再恢复原形。今后在你们生活中发生了无可挽回的事时，请记住这只破碎的咖啡杯。"

这是一堂很成功的素质教育课。

荷兰阿姆斯特丹有一座15世纪的教堂遗迹，有这样一句让人过目不忘的题词"事必如此，别无选择"。

命运中总是充满了不可捉摸的变数，如果它给我们带来了快乐，当然是很好的，我们也很容易接受。但事情却往往并非如此，有时，它带给我们的会是可怕的灾难，这时如果我们不能学会接受它，如果让灾难主宰了我们的心灵，那生活就会永远地失去阳光。

任何一个男孩迟早都要接受困难的考验，而你们每个人迟早要懂得这个道理，那就是我们只有接受并配合不可改变的事实。"事必如此，别无选择"，这并非一件容易做的事情。即使贵为一国之君也不能不经常提醒自己。英王乔治五世在白金汉宫的图书室里就挂着这样一句话："请教导我不要凭空妄想，或做无谓的怨叹。"哲学家叔本华曾表达过相同的想法："逆来顺受是人生的必修课程。"

有这样一个故事，说的是一个伟大的苏格兰国王罗伯特·布鲁斯以蜘蛛为榜样，从而回到了他自己的王国。这个可怜的国王被可恶的叛徒驱逐而离开自己的王国。他不断努力，想要把他的王国夺回来。他打了许多仗，

却一次又一次地被击败。他开始认为这一切都是白费力气。他想放弃，不再奋斗。就在那时，有一天清早他醒来，躺在床上，看见一只蜘蛛在结网。这只蜘蛛正要把一根丝从屋子的一头牵到另一头。它试了12次，12次它都失败了。12次丝断，它掉到地上，12次它又爬起来再试。它不肯放弃，而是坚持下来。第13次它终于成功了。国王看到这一切，就对自己说："为什么我不努力坚持回到我的王国？虽然我失败了这么多次，谁敢说我最后不能成功？"他振作精神，再次努力，终于打败了仇敌，获得了成功，重新统治了他的王国。

一只小小的蜘蛛让国王罗伯特·布鲁斯重拾信心。同时，这只小小的蜘蛛也告诉所有处于困难中的男孩们，困难已经产生，何不坦然面对，然后以顽强的意志力战胜它。

可能有些男孩会怀疑自己的能力：我能成功渡过困难吗？而在西点军校，任何学员的字典里都没有"不可能"三个字，工程学家乔治·S·格林说，"可能只存在于你的心中，只要你能超越自己的心理极限，你会发现做什么事情都会变得游刃有余。正是这一点成就了百年西点"。

追求成功的过程中一定充满了挫折与困难。困难是生活的组成部分，每个人都会遇到。世间的万事万物，无一不是在困难与挫折中前进的。即使是灾难也不足以让我们垂头丧气。因为垂头丧气无济于事，而唯有勇敢面对，迎接困难并征服它，我们才有出路！

那么，男孩们该如何征服困难呢？

1. 不找任何借口，而要总结经验教训

有时候，可能一次可怕的遭遇会使我们备受打击，认为未来都失去了意

义。在这种情况下,我们必须让自己相信:灾难中也常常蕴含着我们未来的机遇。但前提是,在既成事实面前,你要懂得反省,懂得总结,只有这样,你才能不断前进,征服困难。

2. 不妨拼一拼

年轻就是资本,坎坷也好,挫折也罢,你不仅需要一份坦然的心态,更需要一份拼搏的勇气。挫折并不可怕,关键是你以什么样的态度面对。每一次的跌倒,你可以重新爬起来,总有一天,困难会被你踩在脚下。

★咬牙再忍一分钟,就会雨过天晴

任何人都渴望成功,希望享受成功带来的喜悦,成功是从决定去做的那一刻起,持续累积而取得的。胜利者,往往是能比别人多坚持一分钟的人。要问成功有什么秘诀,丘吉尔在牛津大学讲演时回答得很好:“我的成功秘诀有三个:第一是,决不放弃;第二是,决不,决不放弃;第三是,决不,决不,决不放弃。”卡耐基在被问及成功秘诀的时候也说道:“假使成功只有一个秘诀的话,那应该是坚持。”在为梦想而努力的男孩们,这两句话应该成为你们的座右铭,当你准备放弃时,再咬牙坚持一分钟,坚持之后就会雨过天晴。

西点人的楷模罗纳德·里根生出在一个极其普通的家庭,全家四口人只靠父亲一人当售货员的工资维持生活。生活的艰辛磨炼了里根顽强的意志,也使他产生了出人头地的强烈愿望。

里根大学毕业后,试着在电台找份工作,可是每次都碰了一鼻子灰。最后,里根驾车行驶了70英里来到了特莱城,试了试爱荷华州达文波特的电台。电台主任让里根站在一架麦克风前,凭想象播一场比赛。由于里根出色的表现,他被录用了。

在回家的路上，里根想到了母亲的话："如果你坚持下去，总有一天你会交上好运。"

西点的课堂上引用过这样一个例子：

一块普通的钢板只值5美元，如果把这块钢板制成马蹄掌，它就值10.5美元；如果做成钢针，就值3350.8美元；但如果把它做成手表的摆针，你猜猜它的价值可以攀升到多少美元呢？猜不到吧？价值25万美元！

其实生活中的男孩们，你们何尝不是如此呢？现在的你可能是一块普通的钢板，只值5美元。但经过锤炼后，就有可能变成了马蹄掌，价值翻了一倍多；如果经受了更多的精心打磨，最后成了价值更高的钢针；而经受种种翻来覆去的加工使之成为手表的摆针时，价值已是当初的五万倍！从这个简单的比喻中，你应该明白的是：你拿自己做什么？是做钢板、马蹄掌、钢针还是手表的摆针？价值越高，经受的磨难和需要付出的就越多。成功的西点人大都起始于不好的环境，经历许多令人心碎的挣扎和奋斗后才获得成功。他们生命的转折点通常都是在危急时刻才降临。经历了这些沧桑之后，他们就具有更健全的人格。

伟大的巴顿将军在"二战"后的聚会上说起这么一段经历。他从西点军校毕业后，入伍接受军事训练。团长在射击场告诉他：打靶的意义在于，哪怕你打偏了99颗子弹，只要有1颗子弹打中靶心，你就会享受到成功的喜悦。

对于实战经验不多的新兵来说，想要枪枪命中靶心是困难的，然而，当巴顿的靶位旁的空子弹越来越多时，他已成了富有射击经验的老兵。

战争爆发后，巴顿将军奔波于各个战场，没有安稳感，他一度对生活产生了疑问，觉得自己像一架战争机器，不知道战争究竟要到何年何月才是尽头。这一切持续了不到七年。这七年里，倔强刚烈的巴顿所经历的挫折、失意，曾经那么锋利地一次次伤害过他，令他消沉，如今他才明白：它们只不过是那一大堆空子弹壳。

生活的意义，并不在于你是否在经受挫折和磨炼，也不在于要经受多少挫折和磨炼，而在于能够坚持不懈。经受挫折和磨炼就像射击，只有经历了99颗子弹的铺垫，才会有一枪击中靶心的结果。

只要坚持到底，就一定会成功，人生唯一的失败，就是你选择放弃的时候。因此，当你处于困境的时候，你应该继续坚持下去，只要你所做的是对的，总有一天成功的大门将为你而开。

美国华盛顿山的一块岩石上，立下了一个标牌，告诉后来的登山者，那里曾经是一个女登山者躺下死去的地方。她当时正在寻觅的庇护所——“登山小屋”只距她100米而已，如果她能多撑100米，她就能活下来。

这个事例提醒我们，倒下之前再撑一会儿。胜利者往往是能比别人多坚持一分钟的人。即使精力已耗尽，人们仍然有一点点精力，用到那一点点精力的人就是最后的胜利者。

美国第16任总统林肯曾说过：我成功过，我失败过，但我从未放弃过。往往，再多一点努力和坚持便会收获意想不到的成功，以前做出的种种努力、付出的艰辛便不会白费。令人感到遗憾和悲哀的是，面对一而再、再而三的失败，多数人选择了放弃，没有再给自己一次机会。

西点启示

无论何时，我们都应该信心百倍地去全力争取人生的幸福和成功，并永远激励自己：离成功我只有100米，只要再多坚持一分钟！要坚持每天学一点知识，坚持每天快乐一点点，坚持每天进步一点点……

那么，从这一启示中，男孩们应该如何做到坚持到底呢？

1. 坚持信念，看到希望

在遇到重重失败和困难时，大多数人会选择放弃，而只有少数人还能坚持

到最后的原因是因为他们坚定地相信自己坚持下去就一定会取得最后的成功,而大多数人却因为暂时的困难和挫折蒙蔽了自己看到希望的眼睛！其实很多时候我们选择放弃都是因为我们看到了太多的障碍,而没有看到希望!

2. 告诉自己:成功就在下一分钟

困难和挫折可以摧毁一个人,也可以成就一个人,就看你以怎样的心态面对。心态的积极与否,需要你自己选择。对此,你可以在心里暗示自己:成功就在下一分钟,坚持,再坚持,就能看到光明!

★恐惧会将困难放大而击倒自己

生活中,困难无处不在,而很多时候,打倒我们的不是这些困难,而是被我们内心放大的恐惧。有这样一个小故事:有两个孩子比赛谁先跑到各自的妈妈身边。可在途中,两个孩子先后摔倒。其中一个妈妈立刻跑过去安慰那个孩子,摸摸头又抱在怀里,那孩子反而哭得更凶了。而另一个妈妈呢？她只是站在原地鼓励孩子继续跑起来。孩子摇摇晃晃站起来,终于跑到了妈妈身边,露出甜甜的笑。这两个母亲的做法孰是孰非？前者是放大了困难,后者则鼓励孩子克服了困难。

这个简单的道理我们每个人都懂,但说到畏惧困难,似乎那些刚出世没多久的小孩反倒比大人勇敢。孩子们敢和鳄鱼拥抱,和巨蟒共舞。因为无惧,所以无畏。

而现实生活中,很多男孩正是因为处在新时代的优越环境,似乎少了很多战胜困难的勇气。人生中有许多困难并不是什么坏事,因为逆境可以造就英雄。有了这些磨炼,美玉才会更加完美,利器才会更加锋利。命运多舛并不是什么可怕的事,可怕的是,你无法克服和跨越它们。

西点军校的心理素质训练刻意锻炼学员的心灵，借此训练使学员们成长为无所畏惧的强者。学员要找到自己心中的敌人，痛快地杀掉它！其中，恐惧就是要被杀掉的第一个敌人。西点认为：从长远来看，有意识地与自身的恐惧作斗争，培养勇敢的精神，才是可以彻底战胜疾病、战胜困难的选择。

身在西点的每一位教官都知道，克服恐惧是培养勇气的前提，而这需要一个过程。

对于任何一个军人，在任何时候，一点的恐惧都会导致整个战争的失败。所以，西点学员的这一项心理素质训练都是严格并残酷的。它是专门针对团队设计的，同时又是强制性的。西点军校的所有学员都必须接受体能训练，参与相当危险的运动。男生要学习拳击和摔跤，而男生、女生都要进行体操、游泳救生和肉搏自卫的训练。这一点，新学员更需要进行自觉体验。很多学生脸上从来没有挨过拳，突然之间他们必须赤裸裸地面对自己的恐惧。最糟糕的情况莫过于想要逃开拳击台了。如果真有人想要逃走，也必须再回头，否则就毕不了业。他们必须学会面对恐惧，了解恐惧，同时体会如何应对因恐惧带来的压力。唯有如此，才能够确保在最需要冷静行事的关键时刻，他们不会因为恐惧而停止不前。

新学员们学会克服恐惧要有一个过程，这个过程是越来越难的，这些必修课程非常重要，不仅锻炼年轻学员的体能，同时也训练了他们的勇气和拼搏精神，使他们学会了勇敢地面对危险，克服恐惧。

男孩们，你要明白，所谓的困难并没有那么可怕，我们之所以不敢勇敢地跨出一步，是因为我们内心的恐惧在作怪。恐惧将困难放大，就会打倒我们自己。如果我们勇敢一点，打倒恐惧，我们会发现，所谓的恐惧原来只不过是只纸老虎。

对此，西点军校 1967 届毕业生卡兰德有切身的体会。

有一次，卡兰德在纽约的一个漂亮饭店里，看着游泳的朋友们在阳光下嬉戏，忽然有一 种不舒服的感觉涌上心头。卡兰德告诉他们，自己怕晒黑，所以

不想下水。朋友们笑着怂恿他:“不要因为怕水,你就永远不去游泳……”

阳光洒在他们水润光亮的肌肤上,他们像海豚一样骄傲地嬉戏着,而卡兰德其实并不想躲在没有阳光的阴影里看着他们快乐。他觉得自己是个懦夫。

一个月后,朋友邀卡兰德到一个温泉度假中心,他鼓足勇气下水了。卡兰德发现自己没有自己想象中那么无能,但他不敢游到水深的地方。

“试试看,”朋友和蔼地对他说,“让自己灭顶,看会不会沉下去!”

于是,卡兰德试了一下。朋友说得没错,在意识清醒的状态下,想要沉下去、摸到池底还真的不可能。真是奇妙的体验!

“看,你根本淹不死,沉不下去,为什么要害怕呢?”

卡兰德上了一课,若有所悟。从那天起,他不再怕水,虽然他还不算是游泳健将,但游个四五百米是不成问题的。

和卡兰德一样,在困难面前,你也可以克服恐惧。正像西点人相信的一样:“现实中的恐怖,远比不上想象中的那么可怕。”当你遇到困难时,理所当然,你会考虑到事情的难度,对此,你便会产生恐惧,会将原来的困难放大。但实际上,假如你能减少思考困难的时间,并着手解决手上的困难,你会发现,事情远比你想象中简单得多。那些成功的人士,都是靠勇敢面对多数人所畏惧的事物,才能出人头地的。美国著名拳击教练达马托曾经说过:“英雄和懦夫同样会感到畏惧,只是他们对畏惧的反应不同而已。”麦克阿瑟在西点军校的演讲中也曾说过这样一句话:“不正面面对恐惧,就得一生一世躲着它。”

西点启示

如果你不能除掉恐惧,那么阴影会跟着你,变成一种逃也逃不掉的遗憾。不要因为恐惧失望而害怕尝试。一旦你正面面对恐惧,很多恐惧都会

被击破。

的确，恐惧的表现之一通常是躲避，而试图逃避只会使得这种恐惧加倍。任何人只要敢于面对他所恐惧的事，并持续地做下去，直到有获得成功的经验，他便能克服恐惧。

既然困难不能凭空消失，那就勇敢去克服吧！男孩们该怎样克服恐惧、战胜困难呢？

1. 树立信心

欠缺自信的人将终日和恐惧结伴为邻。越是被恐惧的乌云所笼罩，自我肯定的机会也就越渺茫。美国总统罗斯福曾说过一句名言："我们唯一值得恐惧的就是恐惧本身——一种莫名其妙、丧失理智的、毫无根据的恐惧，它把人转退为进所需的种种努力化为泡影。"

2. 阶段性克服困难

你可以将一个大困难，分成几个小困难逐一解决。也许一个大困难不好解决，但一个又一个小困难却不难克服。当你在不经意间克服了许多小困难后，你会发现，大困难也就迎刃而解了。

★逆境中的磨炼，令男孩得到钢筋铁骨

古人云："生于忧患，死于安乐。"人要"艰难困苦，玉汝于成"，"苦其心志，劳其筋骨，饿其体肤，空乏其身"。这些名言是有道理的，磨炼意志才能在逆境中挽回，努力向前。而作为一个男孩，要想长成一个顶天立地的男子汉，练得钢筋铁骨，也必须要经过逆境中的磨炼。现代社会，富裕的物质生活让这些小男子汉们"不食人间烟火"，更不用说经历逆境的考验了。而正

是因为这样，一些男孩在真正遇到困难时，便少了一分毅力，少了一分坚强。而在西点，则是完全不同的情况，西点人从不会因为暂时的逆境而放弃拼搏，他们这样勉励自己："我要振作精神，跟命运搏斗，我要把痛苦化为力量，设法有所建树。"

被人们誉为"文学之父"的杰克·伦敦是西点人的榜样。他小学毕业后，就进了一家罐头厂当童工，每天在极恶劣的条件下常常要工作十八九个小时，直到深夜才拖着疲惫不堪的身子回家。17岁时，杰克·伦敦受雇到一条小帆船上当水手。不久，他因为"无业游荡"被捕入狱当苦工。

出狱后，杰克·伦敦刻苦自学。20岁时，他靠自修考上了加利福尼亚大学，可是，他只读了一个学期，便因缴纳不起学费而退学。退学后，他一边在洗衣店做工，一边开始业余写作，希望用稿费来添补家用。

后来，杰克·伦敦又随众人到遥远的阿拉斯加去当淘金工人。他历经千辛万苦，由于缺乏营养，劳累过度患了坏血病，几乎使他下肢瘫痪。但是，逆境的刺激与磨练使杰克·伦敦成为一个具有特殊气质的作家。成为职业作家后，他16年如一日，每天工作19个小时，一共写了50本书。他的作品充分表现了人同困难的斗争，人处于各种逆境中的反抗，给20世纪初的文坛带来一股生机勃勃的力量。

一个小学毕业的残疾人最终成为人们敬仰的文学家，必定尝尽了种种困苦与折磨。翻开中国历史，汉代司马迁身受腐刑志不移，直面残酷逆境写《史记》，越王勾践卧薪尝胆而复国。这些人在强大的外在困难下都能屹立不倒，并完成自己的梦想，这难道不是在向我们展示着一个事实：人生风雨路上，不仅有高山峻岭，湍急河流，荆棘坎坷，沟壑万千，但它还有坦途，有金光大道。男孩们，可能现在的你也在饱受逆境的折磨，但你不妨像西点人一样，以前人为先驱，跨过困难后，你一定能在逆境中变得钢筋铁骨，你的命运也会有个180度的大转弯。

德国天文学家开普勒，从童年开始便多灾多难。他在母亲腹中只待了

七个月就早早来到了人间。后来,天花又把他的脸变成了麻子脸,猩红热又弄坏了他的眼睛,一只手半残。但他凭着顽强、坚毅的品德发愤读书,学习成绩遥遥领先于他的同伴。后来因父亲欠债使他失去了读书的机会,他就边自学边研究天文学。在以后的生活中,他又经历了疾病缠身、良师去世、妻子去世等一连串的打击,但他仍未停下对天文学的研究。终于在59岁时他发现了天体运行的三大定律。他把一切不幸都化作了推动自己前进的动力,变得更加坚强,以惊人的毅力摘取了科学的桂冠,成为"天空的立法者"。

古往今来,和开普勒一样在逆境的磨炼中建功立业的人,或是生活虽平淡但却能凸显顽强不屈的精神的人,心中就会多些勇气,少些许怨气,就会更加坦然地面对自己所处的逆境,不断地改变着自己,战胜眼前的困惑走出逆境。的确,谁都不希望遇到逆境,也不愿走进逆境,谁都不希望有挫折,有时也经不起挫折,但我们是否尝试过用另外一种心态和行动去面对逆境呢?英国哲学家培根说过:"超越自然的奇迹多是在对逆境的征服中出现的。"巴尔扎克也曾说过:"挫折和不幸,是天才的进身之阶、信徒的洗礼之水、能人的无价之宝、弱者的无底深渊。"其实,人生有逆境并不都是坏事,它对一个人的成长具有非常重要的意义。拿破仑·希尔说:"每种逆境都含有等量利益的种子。"

在逆境中,人要经受各种考验与锤炼,百炼成钢,最终成就了自己非凡的意志和能力。逆境并不可怕,只要你敢于在逆境中求生存,结果往往会是更大的成功。而一个人如果只安于舒适的现状,那么这个人就会慢慢丧失在现代社会竞争的能力,将来只能被竞争激烈的社会所淘汰。

逆境对于成长中的男孩来说,那就是适度的困难,具有一定的积极意义,可以使人在压力下不断提升自己的能力和实力,从而有可能创造出更为夺目的辉煌。

西点启示

逆境是倾覆弱者生活之舟的波涛，它又是锤炼强者钢铁意志的熔炉。没有经历过逆境的人生是不完美的人生，经历过逆境并且勇敢与之作战，最终战胜它的人，才能真正认识自己，认识生活。而人一旦身处逆境，与其悲伤流泪、妥协退让，不如以自己已有条件去耕耘、去奋斗。一旦机会来临，自己也有足够的条件去应对，境遇就会逐渐好转。

那么，男孩们该如何面对逆境并走出逆境呢？

1. 坚持自己的目标和理想

人不管在怎样的条件下，都不应放弃对成功的追求。在顺境中，我们以舒畅的心情谋求成功；在逆境中，我们依然应当坚韧不拔地追求成功。逆境看起来像是失败之潭，其实却是一对看不见的智慧之手，指导人们改变方向，向着另一个更有利的方向前进。

2. 学会处变不惊

大喜大悲都不是可取的处世态度。那些处变不惊的人似乎在逆境面前更能临危不乱。如果能够做到这些，无论你遇到什么事，你依然可以拥有一份笑看风云突变，处变不惊、健康进取的美丽心情！你在经历了逆境的磨炼后，也必然能学会如何淡然处之，这二者是相辅相成的！

第4章

勤奋惜时，刻苦学习让自己厚积薄发

——像西点军人一样刻苦勤奋，创造辉煌

全球最成功的商学院是谁？是鼎鼎大名的“沃顿”、“哈佛”、“斯坦福”，或者“耶鲁”？不，是培养了众多商界领袖的美国西点军校。西点作为一个培养成功者的学校，深知对真理的执着追求是建立在对知识和科学的渴求基础上的。在西点军校培养学生的诸多优秀品质中，惜时是西点教给学生的重要的一课。西点军校前学员团团长麦康尼夫说：“闲暇时光如果不用来读书，以累积发展自我的力量，而在无所事事中任其流逝，是非常可惜的。”生活中的男孩们，可能你惊羡于西点军人的成功，但是任何成功的背后都有着艰辛的付出！那么，从现在起，行动起来，和西点军人一样刻苦勤奋，趁着年轻多积累知识吧！

★此生不待明日，力争今日圆满

"明日复明日，明日何其多，我生待明日，万事成蹉跎。世人若被明日累，春去秋来老将至。朝看水东流，暮看日西坠。百年明日能几何，请君听我明日歌。"这就是人们常说的《明日歌》，它警醒世人，此生不待明日，只有今日事今日毕，做到惜时，才不会感叹"逝者如斯夫，不舍昼夜！"生活中的男孩们，可能你会认为自己正值青春年少，有大把的青春可以挥霍，但请试想一下，当有一天，随着年华逝去，你是否会有虚度年华的慨叹呢？那么，从现在起，就让你的每一天都充实起来吧！这一点，西点军校的每个学员都为你树立了榜样。

在西点军校培养学生的诸多优秀品质中，惜时是西点教给学生的重要的一课。西点军校前学员团团长、麦康尼夫说："闲暇时光如果不用来读书，以累积发展自我的力量，而在无所事事中任其流逝，是非常可惜的。"

西点军校有着严格的日常时间管理。每天早上6点起床号一响，所有学员必须立即起床，出早操、整理内务。接着就到能容纳4000人的大餐厅进餐。用餐时间只有20分钟。吃完早餐，从7点半到12点全是上课时间，中间不休息。午餐、午休时间一共只有50分钟。下午要进行2个小时的体育锻炼。晚饭后，休息50分钟就得上晚自习。所有学生必须到23点才能熄灯睡觉。每天夜间只能休息7小时，还常常搞夜间紧急集合。这种紧张的快节奏生活将伴随学员们度过四年。

格兰特是美国历史上第一位从西点军校毕业的总统。他在美国南北战争中屡建奇功，有"常胜将军"之称。格兰特勤奋好学，惜时如命，有时到图书馆只带上两个面包，中午饭都舍不得离开。他对古典文学兴趣很浓，曾广

泛阅读了图书馆内的所有的名著。

事实上，中国人珍惜时间的品质，自古有之。

李贺是一位遭遇不幸的天才诗人，但他懂得珍惜有限的生命。小时候，他就很有抱负，吟诗明志："少年心事当那云。"他酷爱读书，勤于写作，就连出门骑在驴上的时候，也经常见他吟哦思考。母亲曾十分疼爱地责备他："你一定要把心血呕出来才罢休吗？"

当时，一些贵族纨绔子弟，整日里花天酒地，招摇过市。年轻的李贺非常看不惯，写了一首《啁少年》的诗，殷切劝诫他们自爱惜时，诗中写道：

少年安得长少年，海波尚能变桑田。

荣枯递传急如箭，天公不肯于公偏。

莫道韶华镇长在，发白面皱专相待。

诗人李贺规劝那些少年们不要虚度光阴。他指出："少年安得长少年，海波尚能变桑田。"岁月陡转，光阴似箭，时间老人对每个人都是公平的。美妙的青春年华无法永驻，生命的年轮也不是没有止境的，发白面皱也非遥远的事情。李贺惜时如金，醉心创作，他留于后世的二百多首诗作，都是呕心沥血的艺术结晶。

有人说，年轻是资本，但这个资本不是用于挥霍的，而是应当珍惜的，拿来充实自己的。只有珍惜每一天的时间学习，从一点一滴累积好成功的资本，你才能问心无愧。

国外名人惜时谢客，也各有千秋，颇有情趣。"天才预言家"雪莱喜欢独自一人，躲到荒岛或松林中作诗。素有"欧洲旅馆主人"之称的启蒙思想家伏尔泰，每天门庭若市使他不得安宁。无奈，他只好装病来挡驾。如果通报来人是他讨厌的人，他就立即瘫倒在床上，装作不省人事。待客人一走，他就像孩子似的一跃而起，继续埋头创作。大文学家巴尔扎克为躲避频繁的来访者，则有意颠倒昼夜。黄昏至子夜，正是巴黎人社交的黄金时间，而巴尔扎克却在呼呼大睡；当人们进入梦乡时，他却在没有客人和信件的干扰

下，文思泉涌，奋笔疾书。至于法国大文豪雨果的谢客术更是别出心裁。他为了集中精力写一部小说，竟给自己剃了光头。有人上门找他，他即指着光头说："对不起，你看这头，见不得人！"来人悻悻而回。当别人请他赴宴时，他照旧说："我这光头，难登大雅之堂，去参加你的宴会，不是要给你丢脸吗？"来人无奈，只好离去。当雨果的头发长长之后，又一部巨著问世了。

一位名叫富兰克林·费尔德的人曾精辟地说过这样一句话："成功与失败的分水岭可以用这五个字表达——我没有时间。"的确，一个人要想有所成就，在所在的领域"修成正果"，就应当珍惜一点一滴的时间并最大限度地提高时间的利用率。在成功的诸多因素中，天资、机遇、健康等都重要，但把所有有利条件发挥出来的决定性因素，是利用好每一分每一秒的时间。

在当今快节奏的生活里，人们似乎每天都没有充分的时间去完成想做的事，所以许多念头就此打消了。但世界上仍有许多人坚持每天至少挤出一小时的时间来提升自己。

懂得珍惜时间，抓紧一分一秒就等于延长了人生。学会充分利用每一天的时间，能够使我们有限的生命结出更加丰硕的果实。

的确，男孩们，你要明白，无论是谁，每天都只有24个小时。与时间长河相比，人的一生是那样短暂。你只有抓紧每天的时间学习，才不会让人生虚度，对此，你可以这样做。

1. 拟定每天的学习计划，并坚决完成

你可以在每天睡前拟订一份计划，是关于第二天要学习的内容，分为最重要的、其次的、不重要的。当你感觉状态好的时候，先完成最重要的，然后依次完成计划中的其他内容。做任何事都需要专注，心不在焉，效率不高，

只能是白白浪费时间。

2. 以较小的时间单位办事

这样有利于充分安排和利用每一点点时间，一时节约的时间和精力或许不多，但长期积累，可节约大量的时间。

许多科学家、企业家、政治家办事常以小时、分钟为单位，而一般人常以天为时间单位。美国人办事常以小时、分钟为单位来计算，而我们办事常以一天、一周为单位来计算。

3. 多限时

人的心理很微妙，一旦知道时间很充足，注意力就会下降，效率也会跟着降低；一旦知道必须在什么时间里完成某事，就会自觉努力，大大提高效率。所以，男孩们，你可以充分发挥自己的潜力，多向自己提出限时办事或者学习的要求。

★时间构成了生命，应需加倍珍惜

现代社会，"效率就是金钱"绝对不是一句空话。追求成功，必须追求效率。要想成功，就必须惜时。因为时间是生命的构成部分，我们任何一个人都没有太多的时间能够挥霍。数学家华罗庚说过："成功的人无一不是利用时间的能手！"实际上，只要扎扎实实地用好每一分钟，每一天就能够活得充实，享受美好的生活及健康长寿。有些人一生都没有利用好时间，有些人只是利用好了青春，而成功者尽量利用好每一天，甚至能利用好每一分钟乃至每一秒钟。他们很少有浪费时间的行为，他们的成功实质上就是成功地利用时间。

生活中的男孩们，可能你年纪尚轻，但时光飞逝，不要等到逐渐老去的

时候，才慨叹浪费了生命。每一个成功的西点人无不在向你展示这个道理。

时间给懒惰者留下空虚和懊悔，给勤奋者留下智慧和力量。世界上那些成功的人事实上就是那些善于利用零星时间的人。他们有各种各样的方法来使其多余的时间具有意义和富有成效。

爱迪生一生只上过三个月的小学，他的学问是靠母亲的教导和自修得来的。他的成功应该归功于母亲自小对他的谅解与耐心的教导，原来被人认为是低能儿的爱迪生长大后成为举世闻名的"发明大王"。

爱迪生从小就对很多事物感到好奇，而且喜欢亲自去试验一下，直到明白了其中的道理为止。长大以后，他就根据自己的兴趣，一心一意做研究和发明。他在新泽西州建立了一个实验室，一生共发明了电灯、电报机、留声机、电影机、磁力析矿机、压碎机等两千余种东西。爱迪生强烈的研究精神使他在改进人类生活方式方面做出了重大的贡献。

"最大的浪费莫过于浪费时间了。"爱迪生常对助手说，"人生太短暂了，要多想办法，用极少的时间办更多的事情。"

一天，爱迪生在实验室里工作，他递给助手一个没上灯口的空玻璃灯泡，说："你量量灯泡的容量。"说完他又低头工作了。

过了好半天，爱迪生问："容量是多少？"他没听见回答，转头看见助手拿着软尺在测量灯泡的周长、斜度，并拿了测得的数字伏在桌上计算。爱迪生说："时间，时间，怎么费那么多的时间呢?"他走过来，拿起那个空灯泡，向里面倒满了水，交给助手，说："里面的水倒在量杯里，马上告诉我它的容量。"

助手立刻读出了数字。

爱迪生说："这是多么简便的测量方法啊，它又准确，又节省时间，你怎么想不到呢？还去算，那岂不是白白地浪费时间吗?"

助手的脸红了。

爱迪生喃喃地说："人生太短暂了，太短暂了，要节省时间，多做事情啊！"

历数古今中外一切有大建树者，无一不惜时如金。古书《淮南子》有云："圣人不贵尺之璧，而重寸之阴。"汉乐府《长歌行》有这样的诗句："百川东到海，何时复西归？少壮不努力，老大徒伤悲。"晋朝陶渊明也有惜时诗："盛年不重来，一日难再晨，及时当勉励，岁月不待人。"法国作家巴尔扎克把时间比作资本。德国诗人歌德把时间看成是自己的财产。鲁迅先生对时间的认识更深刻。他说："时间就是生命。无端地空耗别人的时间，其实无异于谋财害命。"

当代社会中的男孩们，可能你们大多数都赞叹美国和日本在电气、轿车行业的成绩。然而，你知道他们是多么珍惜时间吗？早在200多年前，美国启蒙运动的开创者、科学家、实业家和独立运动的领导人之一富兰克林就在他编撰的《致富之路》一书中收入了两句在美国流传甚广、掷地有声的格言："时间就是生命""时间就是金钱"。

20世纪90年代初，中国辽宁青年参观团在日本出席一个会议。出国前团长准备了厚厚一叠发言稿，可是届时日方官员递上的会序表却写着："中方发言时间：10点17分20秒至18分20秒。"发言时间仅为一分钟。这在那些"一杯茶水一支烟，一张报纸看半天"的人看来，似乎不可思议，而在日本却是极为平常的。从工人到学者，日本人的时间观念都非常强。他们考核岗位工人的基本标准就是在保证质量的前提下单位时间的劳动量，时间一般精确到秒。

西点启示

只争朝夕，永不止步。要想获得人生的成功，你就必须保持百倍的警惕，不要让时间偷走了你的生命。要控制好时间，以一种精打细算、有效率的方式利用你所拥有的时间。

从现在起，男孩们就要懂得时间的宝贵，好好珍惜青春的大好年华，努力奋斗，就能让时间在拼搏中升值，让生命在勤奋中闪光。珍惜时间就要想办法提高做事的效率。培根说得好："时间和做事的关系，就像金钱和货物的关系一样；一件事做得太慢，费时太多，就像是为一件物品支付了过高的价格。"因此，你还应经常动脑思考，寻找可以改进的地方。你若能够做到以下几点，你的效率通常总是可以提高的。

1. 优先办理重要的事情。所做的事情越有意义，时间的利用率就越高，反之，时间的利用率就越低。如果把大部分时间用在琐碎的事情上，那是非常不应该的。

2. 充分发挥自己的特长。发挥特长有助于个人发展，因此应投入较多的时间发挥特长。投入到特长的时间越多，对个人的发展越有利，一生的时间利用率也就越高。

3. 充分利用闲暇时间充实自己。

★99% 的勤奋你做到了吗

现代社会，知识改变命运这个道理早已毋庸置疑，时代正在急速发展，各种技术日新月异，对生活在这个时代的人提出了新的学习要求，但无论何时，勤奋永远是应该摆在第一位的学习态度。如果你没有时刻学习的意识，不通过学习了解掌握新技术，那么你跟不上时代的发展就是必然的。即使你学生时代时学习成绩并不突出，但步入社会后仍然勤勉踏实地自觉学习的话，往往都会有长足的进步。因为学校里学的东西是十分有限的，在工作和生活中所需要的相当多的知识与技能，完全要靠你们在实践中边学边摸索。男孩们敬仰的每个成功的西点人都是勤奋的榜样。

西点军校作为一个培养成功者的学校，深知对真理的坚持是建立在对知识和科学渴求的基础上的。西点人认为，懒惰是最大的罪恶，上帝永远保佑那些起得最早的人。在西点，每个学员都利用有限的时间学习更多的知识。没有人闲散偷懒，甚至没有人会容忍偷懒的行为。在这里，勤勉已经变成了一种自觉的行为。

西点军校的埃里克·霍弗将军深信："没有哪个人可以永远独占鳌头，在瞬息万变的世界里，唯有虚心学习的人才能够掌握未来。"在科学技术飞速发展的今天，竞争力的核心已经发展为学习力的竞争。只有如饥似渴地去学习、学习、再学习，才能赢得灿烂的明天和成功的未来。知识就是力量，也是使人变得勇敢的最好途径。全面而充足的知识储备，理论知识与实际经验的密切结合，使得西点毕业生到战场上以后能够得心应手，进入社会各界也都能迅速适应。

从古至今，我们发现任何一个能做到99%勤奋的人都能最终取得成功。李嘉诚就是最好的例子。

有位记者曾问亚洲首富李嘉诚："李先生，您成功靠什么？"李嘉诚毫不犹豫地回答："靠学习，不断地学习。"不断地学习知识是李嘉诚成功的奥秘！

李嘉诚勤于自学，在任何情况下都不忘记读书。青年时打工期间，他坚持"抢学"，创业期间仍然坚持"抢学"，经营自己的"商业王国"时，他仍旧孜孜不倦地学习。李嘉诚一天工作十多个小时，仍然坚持学英语。早在办塑料厂时，他就专门聘请一位私人教师。每天早晨7点30分上课，上完课他再去上班，天天如此。当年，懂英文的华人在香港社会是"稀有动物"。懂得英文使李嘉诚可以直接飞往英美，参加各种展销会，谈生意可直接与外籍投资顾问、银行的高层打交道。如今，李嘉诚已年逾古稀，仍爱书如命，坚持不断地读书学习。

一个人不可能随随便便成功，李嘉诚向每个渴望成功的男孩展示了这个道理。可能每个男孩都惊羡于李嘉诚式的成功，但却做不到李嘉诚式的

努力与勤奋。那么,你不妨问问自己:我做到99%的勤奋了吗?如果你的回答是否定的,那么,你就知道症结所在了。也许,有些男孩会说“我不够聪明”。而实际上,智慧也源于勤奋。没有人能只依靠天分而成功。自身有缺点并不可怕,可怕的是缺少勤奋的精神。具有勤奋精神,再艰巨的任务都可以完成,再“顽固”的山也都会被“移走”。滴水能把石穿透,万事功到自然成。唯有勤劳才是永不枯竭的“财源”。

刚刚升入西点军校后,巴顿的文化课一直跟不上。第一学年结束时,巴顿的数学成绩全班倒数第一,法语成绩也很不理想。校方虽然对他的顽强意志和刻苦精神给予肯定,承认他军姿端正、勇敢刚毅,但还是决定让他留级。这是巴顿平生遇到的第一个挫折。

抱着要成为一个伟大军人的坚定信念,巴顿没有打退堂鼓。相反,留级的打击反而刺激了他争强好胜的欲望。暑假期间,巴顿把时间全部花在温习功课上,并请了一位家庭教师为他辅导。他不断提醒自己“一定要始终不渝地竭尽全力”。因此,他最终的成绩并不比别人差,学到的知识也并不比别人少,他在西点军校的表现也丝毫不比任何杰出者逊色。

爱因斯坦说:“人的价值蕴藏在人的才能之中。在天才和勤奋之间,我毫不迟疑地选择勤奋,她是几乎世界上一切成就的催产婆。”巴顿就向那些自认为自己笨拙的男孩证明了勤奋的重要性。人生所缺的不是才干,而是志向;换言之,人生所缺的不是成功的能力,而是勤劳的意志。一个人懒惰,等于将自己活埋。因为懒惰中存在着绝望。

西点启示

伟大的成功和辛勤的劳动是成正比的,有一分劳动就有一分收获,日积月累,成功就可以创造出来。只有勤奋工作才是高尚的,才能给人带来真正

的幸福和乐趣。勤奋是通往荣誉圣殿的必经之路！

那么，从这一启示中，男孩们应该做到什么呢？

1. 紧紧抓住时间骏马的缰绳

只有充分地利用好当前的时间，才不会有“白首方悔读书迟”的遗憾。伤逝流年好像是在珍惜时间，其实是在浪费生命。也不要沉浸在对未来美好的向往中而放松了眼前的努力。山上风景再好，如果不一步一步地努力攀登，是永远不会登上“险峰”而一览“无限风光”的。

2. 科学地安排好时间

学习与巩固双管齐下，掌握知识就会事半功倍。还要充分利用最佳时间的优势。在头脑最清晰、效率最高的时间做最重要的事情，俗话说“好钢用在刀刃上”，在时间的安排上亦是如此。

3. 克服重重困难

学习好比是长征——一种追求知识的长征！一本一本的书，一章一节的知识，像雪山、大河、草地一样需要你去征服。如果你缺乏征服它们的勇气和信心，你就只能站在知识的岸边徘徊、叹息。记住：乌云的背后就是太阳，困难的背后就是胜利！

★如衣食住行伴随一生的是学习

在科学技术飞速发展的今天，知识竞争力已经成为一个人、一个企业、甚至一个国家能否在竞争中获胜的重要因素。而知识尤其是信息技术的更新速度之快，常常让我们应接不暇，知识危机感每天都会伴随我们左右。新时代渴望成功的男孩们，你们只有从现在起，努力学习，并让学习时刻伴随左右，才能使自己的内涵丰富和深刻。而这正是成功的西点学员有如此骄

人的成绩的原因。人们要不断进取、发挥才能,否则将被淘汰。这是每一位西点人都谨记的一句至理名言,它感染着每一个西点人为了自己的理想而不断奋进。

西点学员深知当今社会竞争激烈,要想在竞争中胜出,必须让自己的专业技能不断跟进。为此,西点学员对自己的技能要求很高,并且不断探寻能够让他的专业技能更上一层楼的机会。西点学员通过阅读、聆听、训练来吸取新的经验。不论是在军界生涯的哪个阶段,学员学习的脚步都不曾稍有停歇。另外,西点军校告诉学生,在学校里接受教育仅仅是一个开端,其价值主要在于训练思维并使其适应以后的学习和应用。西点告诉学生要把握生命的每分每秒,把学习当做终身的事业。

涉世未深的男孩们,你们要明白,真正的知识是没有尽头的,正如有句话说"吾生也有涯,而知也无涯"。如果你想不断适应变化速度逐渐加快的现今社会,就必须学无止境,把学习当成一项事业,并把这项事业贯彻到每天的生活中,如衣食住行一般。

哈佛大学的一位专家也指出:学校里学的知识是十分有限的,在工作中和生活中所需要的相当多的知识与技能完全要靠我们在实践中边学边摸索。社会是更大的一本书,需要经常不断地去翻阅。须知,在现代社会中不充电很快就会没电。在学习的过程中,最需要的就是干劲。

某日,一位管理学教授为一群大学生讲课。课程接近尾声时,教授拿出一个两升的广口瓶放在桌上:"我们最后来做个小试验。"随后他取出一些拳头大小的石块,把它们一块块地放进瓶子里,直到石块高出瓶口再也放不下了,他问:"瓶子满了吗?"所有的学生都回答:"满了。"他反问:"真的吗?"说着他从桌下取出一桶砾石,倒了一些进去,并敲击玻璃壁使砾石填满石块间的间隙:"现在瓶子满了吗?"这一次学生有些明白了。"可能还没有满。"一位学生说道。"很好!"他伸手从桌下又拿出一桶沙子,把它慢慢倒进玻璃瓶。沙子填满了石块的更多间隙。他又一次问学生:"瓶子满了吗?""没

满!”学生们大声说。然后教授拿一壶水倒进玻璃瓶直到水面与瓶口齐平。

从这个哲理故事中,我们得知,人生就好比这个瓶子,必须先把你生命中的大石块放进去,然后再放砾石、沙子、水,这个次序不能颠倒,否则,大石块就永远放不进去了。信仰、学识、技能、事业都是生命中的大石块,要趁着年轻力壮,把这些学好用好,稳稳妥妥地放进自己的瓶子里,然后再从从容容地去休闲。年纪轻轻就先忙着吃喝玩乐,不干正事,不务正业,那就等于瓶子先装了一堆砾石、沙子,等醒悟过来,想装大石块时,已为时过晚,只能空叹“少壮不努力,老大徒伤悲”。

而生活中,有几个人有这种意识,而正是因为如此,很多人只能甘于平庸,甚至跟不上时代的步伐。但实际上,在中国古代,人们已深知这个道理。

黄帝带领六位随从到贝茨山见大傀,在半途上迷路了。他们巧遇一位放牛的牧童。

黄帝上前问道:“小孩,贝茨山要往哪个方向走,你知道吗?”

牧童说:“知道呀!”于是便指点他们路向。

黄帝又问:“你知道大傀住哪里吗?”

牧童说:“知道啊!”黄帝吃了一惊,便随口问道:“看你年纪小小,好像什么事你都知道不少啊!你知道如何治国平天下吗?”

那牧童说:“知道,就像我放牧的方法一样,只要把牛的劣性去除了,那一切就好办了呀!治天下不也是一样吗?”

黄帝听后,非常佩服:真是后生可畏,原以为他什么都不懂,却没想到这小孩从日常生活中得来的道理就能理解治国平天下的方法。

正所谓:活到老,学到老,终生学习,才能不断进步。一切事物随着岁月的流逝都会不断变旧,我们掌握的知识、技能也一样会变旧。唯有虚心学习,才能够成功掌握未来。求知与不满足是进步的第一必需品。

西点启示

要坚定“奋斗不息,学习不止”的信念,日复一日,沿着知识的阶梯步步登高,养成重视学习的习惯。世上没有绝对的成功,只有不断努力,才能让你的成功之路走得更快更远。

这一启示告诉生活中的男孩们,一个人的工作也许有阶段性完成的一天,但一个人的教育却没有终止。那么,怎样才能够做到终生学习呢?

1. 树立终生学习的理念

需要走出“时间太晚、年龄大了”的误区。学习是没有时间和年龄限制的,只要努力学习、刻苦自励,从现在开始学习,为时未晚,年龄大不是拒绝学习的理由。

2. 增强使命意识和危机意识

终身学习是飞速发展的时代向我们提出的要求。21 世纪是知识经济的年代,高新技术带动生产力突飞猛进地发展,不断改变着我们的生存环境和生活方式,更需要我们不断提高对新知识、新科技的掌握能力,以及对新环境、新变化的应对能力。我们假如仅仅满足于在学校学得的那点知识,不注意及时“充电”,就远远不够了。

3. 积极拓展知识领域,开阔学习视野

终身学习理念中重要的一点是要学会不断拓展自己的学习领域,开拓自己的视野。孔子说:“好学近乎知(智)”。拓展学习领域关键要培养学习兴趣。学习是一种习惯,终身学习则是一种理念,兴趣是成功的一半。一个人树立起终身学习的理念,就会认同“万事皆有可学”这个道理。

★学习是迈向成功的推动力

现实生活中，我们每个人都有自己的理想，并渴望成功，而最终能成功的人只不过是极少数，而大多数只能与成功无缘，他们不能成功是因为他们往往空有大志却不肯低下头、弯下腰，不肯静下心来努力学习、从身边的本职工作开始积聚自己的力量。要知道，只有一步一个脚印，踏实、不浮躁地学习，才能为成功奠定基础。而实际上，这正是生活中的一些男孩们所欠缺的，有些时候，他们总是怨天尤人，给自己制订那些虚无缥缈的目标。而每一个成功的西点人，他们的成就都不是一蹴而就的，他们成功的不变因素都是努力学习。

西点第一任校长著名政治家、科学家乔纳森·威廉姆斯说："不管你有多么伟大，你依然需要提升自己，如果你停滞在现有的水平上，事实上你是在倒退。"

作为西点学子榜样之一的美国前总统威尔逊，出生在一个贫苦的家庭。威尔逊10岁的时候就离开了家，在外面当了11年的学徒工，每年只能接受一个月的学校教育。

在经过11年的艰辛工作之后，他已经设法读了1000本好书——这对一个农场里的孩子是多么艰巨的任务啊！在离开农场之后，他徒步到100英里之外的马萨诸塞州的内蒂克去学习皮匠手艺。

在他21岁生日后的第一个月，他就带着一队人马进入了人迹罕至的大森林，在那里采伐圆木。威尔逊每天都是在天际的第一抹曙光出现之前起床，然后就一直辛勤地工作到星星出来为止。在一个月夜以继日地辛劳努力之后，他获得了6美元的报酬。

在这样的困境中，威尔逊暗下决心，不让任何一个能够发展自我、提升自我的机会溜走。很少有人能像他那样深刻地理解闲暇时光的价值。他像抓住黄金一样紧紧地抓住了零星的时间，不让一分一秒无所作为地从指缝间白白流走。

12 年之后，他在政界脱颖而出，进入了国会，开始了他的政治生涯。

威尔逊的成功就是勤奋学习的结果。学习是向成功前进的推动力。而当今社会，日益激烈的竞争告诉每个男孩，只有知识才能改变命运，只有学习才能突破自我，才能具备竞争力。

CNN 电视台名嘴赖瑞金曾经邀请全美国 43 位最精英的人士来一起探讨如何迎接新世纪，并请他们提出一些建言。这些精英人物提出最多次的字眼就是“改变”和“学习”。赖瑞金走进国会图书馆，找出一些上百龄的报纸，看看一百年前的建言与今日的差别何在。结果他真的查找到了同样的字眼。全录公司首席科学家约翰·西里·布朗提到，将跨越 21 世纪的人首先要学会如何去学习，并且学会如何去喜爱学习新事物。曾经有这样一个故事，也说明了这样的道理。

在一个漆黑的晚上，老鼠首领带领着小老鼠出外觅食。在一户人家厨房的垃圾桶之中有很多剩余的饭菜，对于老鼠来说，就好像发现了宝藏。

正当一大群老鼠在垃圾桶及附近大吃之际，突然传来一阵令它们肝胆俱裂的声音，那就是一只大花猫的叫声。它们震惊之余，更各自四处逃命，但大花猫决不留情，穷追不舍。最终有两只小老鼠被大花猫捉到。正在大花猫张开大嘴将它们吞噬之际，突然传来一连串凶恶的狗吠声，令大花猫手足无措，狼狈逃命。

大花猫走后，老鼠首领从垃圾桶后面走出来说：“我早就对你们说过，多学一种语言有利无害，这次我就因此而救了你们一命。”

这个故事提示我们：多一门技艺，多一条路。

在西点，学员不仅仅接受严格的军事训练，更要刻苦学习各类文化知

识。西点相信，一个符合现代社会要求的军人除了有过硬的军事本领和才能，更要有丰富的知识。正是全面而充足的知识储备、理论的知识与实际经验的密切结合，使得西点毕业生到战场上以后能够得心应手，进入社会各界也都能迅速适应。

毕业于西点又曾经在西点任教的奥马尔·纳尔逊·布莱德利将军就十分注重文化素养的培养。他认为“有知识素养、善于思考和处世灵活的士兵才是最有价值的士兵”。并且他还曾这样说过：“在西点任教，不仅使我的洞察力更为敏锐，也大大开阔了我的视野和心胸，令我变得成熟。那些年，我开始认真读书，研究军事历史和人物传记，从前人的错误中学到了很多东西。”

西点启示

没有哪个人可以永远独占鳌头，在瞬息万变的世界里，唯有虚心学习的人才能够掌握未来。

这一启示告诉生活中的男孩们，知识就是力量，也是使人变得勇敢的最好途径。对此，你可以做到以下几点。

1. 认识到学习的重要性

实际上，任何一个男孩都知道学习的重要性，但这些往往是泛泛之谈，并不能起到任何实质性的作用。而一旦将这一想法与自身情况相结合，比如根据自己的兴趣树立人生目标和理想，多考虑自己的现在和未来，这一想法就具备了可实施性。

2. 树立不断学习的理念

学海无涯，知识是没有尽头的，而同时，现今社会知识更新速度之快更要求你具备不断学习的理念和行动。

3. 付诸行动，坚持每天学习

任何知识的学习都需要持之以恒地坚持才能收到效果，也只有这样，才能不断拓展自己在该领域的认知度和专业度。

★苦尽甘来，勤才能有获

古人云“一分耕耘一分收获”，这是一个自古不变的道理。只要你努力，不断吸取教训，就一定能够到达胜利的彼岸。现代社会的男孩们同样需要谨记这个道理。如果你想获得成功，就要“动心忍性，增益其所不能”，辛勤地耕耘。可能你们惊羡于成功的西点人，但实际上，西点毕业生中之所以出现了如此众多的成功者，很大程度上归功于西点人从不抱怨恶劣的环境，从不咒骂上天的不公，他们在一些人抱怨或是咒骂的时候，已经开始为摆脱困境而奋斗，并且在情况改变之前奋斗不止。

毕业于西点军校的美国前国务卿鲍威尔，虽出身寒微，年轻时却胸怀大志。鲍威尔在一家汽水厂当杂工时，一次，有人在搬运产品时打碎了 50 瓶汽水，弄得车间一地玻璃碎片和泡沫。按常规，这是要弄翻产品的工人清理打扫的。老板为了节省人工，要干活麻利的鲍威尔去打扫。当时他有点气恼，欲发脾气不干，但一想，自己是厂里的杂工，这也是分内的活儿。于是，他尽心尽力地把满地狼藉抹得干干净净，弄得浑身是汗。

过了两天，老板通知他晋升为装瓶部主管。自此，他明白了一个道理：凡事尽力去做，总会有人注意到自己的。不久，鲍威尔以优异的成绩考进了西点军校。经过他不断努力，鲍威尔官至美国国务卿。

和鲍威尔一样，任何一个成功的人都不是生来就注定成功的，他们之所以能成功，是因为他们比常人更具有一份淡定的心，并能采取更具体的行

动。他们懂得一边辛勤地努力，一边等待时机，因为机会总是隐藏在周围的琐碎小事里。男孩们，即使你暂时不如意，事业上不顺利，抱怨是没有用的，从最基本的小事做起，把握住每一个可能的机会，再平凡的你也能做出不平凡的事来。

这个世界上，付出与收获总是成正比的。一个不愿付出只想收获的农夫，撒下种子之后，便任由秧苗生长，即使杂草丛生，土壤干涸也置之不理，那么到了秋收时节，他又怎么能看见丰收的景象呢？很多男孩都渴望成功，而成功的关键就是不断努力。从成功人的奋斗经历来看，虽然他们有与众不同的地方，可是有一点是相同的，那就是他们比别人更努力。

而实际上，生活中有很多年轻人，其中包括一些男孩，他们处于一些平凡的岗位上，每天做着平凡的工作。于是，他们总是在抱怨自己生不逢时，没赶上英雄时代，否则也会名扬天下。言下之意，就是不满足于自己平凡的工作岗位。其实，正是这种眼高手低，好高骛远，脱离实际，小事不愿做、大事做不来的想法，让他们逐渐沦为平庸之辈。要知道，成功或失败都不是一夜之间造成的，平凡的积累就是不平凡，一切伟大的行动和思想都有一个微不足道的开始。如果你只懂得索取，而不懂得付出的话，你永远也无法领悟成功的真谛。

巴勒斯坦境内，有两个著名的湖泊，各有各的特色。

其中一个叫加黎利海，是一个很大的湖泊，水质清澈甘甜，可以供人饮用，因为湖底清澈无比，连鱼儿们在水中悠游的景象也清晰可见，而附近的居民更是喜欢到此处游泳和嬉戏。加黎利海的四周全是绿意盎然的田园景色，因为环境清幽，许多人将他们的住宅与别墅建在湖边，享受这个如仙境的美丽景致。

另一个名为死海，也是一个湖泊，然而，正如其名，水是咸的而且有一种怪味道，不仅人们不敢来饮用，连鱼儿也无法在这个湖泊中生存。在它的岸边，连株小草都无法生长，更别提人们选择在这里居住。

令人好奇的是，这两个湖其实同于一个源头。后来人们发现，它们会有这么大的不同，是因为一个有入也有出，另一个则是只入不出。原来，在加黎利海，有入口也有出口，当约旦河流入加黎利海之后，水会继续流出去，如此一来，水会不断地循环更换，水质自然清澈干净。至于死海则只有入口没有出口，当约旦河水流入之后，水被完全封死在海里。于是，在这个只有进没有出的湖泊中，所有的污水或废水也全部汇聚在这里。因为只知自私地保留己用，最后的结果便如它的名字，成为没有人愿意亲近的死海。

唯有不断流动更替的水才会充满氧气，如此鱼儿们才会有舒适的生存空间，为湖泊增添生命活力。因为肯付出，加黎利海收获的正是干净的湖水与热闹的人潮，因为它付出了，自然会得到应有的回报。至于一味地接受而没有付出的死海，结果则是贫瘠与足迹罕至。自然界这个特殊的现象再次告诉男孩们，有付出才有收获。追求成功的你们，只要不吝于付出，在付出的同时，你们便能腾出新的空间，容纳新的机会。

西点启示

当你从事的工作枯燥单调时，别抱怨自己的工作平凡，要认真做好每一件事，最终通过努力让他人看到自己不平凡的一面。

这一启示告诉现实生活中的男孩们，只有踏实做好现在的自己，才能实现他日的腾飞。为此，你需要做到2009年6月13日温总理在湖南大学深情寄语学子："此时、此地、此身"，还勉励道："条件不足畏，命运不足信，得失不足计。"

"此时"，就是现在应该做的事情就立即做起来，不要推到以后。

"此地"，就是可以从你所处的岗位为人民和国家做出贡献，就要立即做起来，不要等到别的地点。

"此身"，就是自己能做的事情，要勇于承担，而不要推给别人。

做到这三点，你也就开始了你成功的旅程了！

★勤能补拙，亦可创造奇迹

在日常生活中，我们常常听到有些男孩，年纪轻轻就叹息自己天生笨拙，成就不了大器。其实，这种叹息是没有必要的。常言道"勤能补拙"，天资差是可以通过后天的努力来补偿的。事实不正是如此吗？古今中外，任何一个成大事者，无不是用勤奋换来成功，有的人的天资并不出众。曾国藩小时候天赋不高，一天晚上在家读书，一篇文章读了不知多少遍，连潜在他家屋檐下的贼都能背出，他却还没背会。但他刻苦努力，最终成为中国历史上有影响的人物之一。相声演员郭德纲，虽然从小脑子好使、悟性强，但更多的是后天的努力。他从8岁开始学习说相声，一天一天磨练，一段一段修改，他今日的走红绝非一日一力之功，是下了真工夫的。盲聋女作家海伦·凯勒用顽强的毅力克服生理缺陷所造成的精神痛苦，不仅学会了读书和说话，而且最终成为一个学识渊博，掌握英、法、德、拉丁、希腊五种文字的著名作家和教育家。

令男孩们赞叹的成功的西点人，并非都是天才，他们的成功都得益于在西点一点一滴的训练。在面临困境之时，坚忍不拔的意志力和强壮的体魄能够让西点学员勇往直前。任何一个意志力强大的人，若想追求成功，就会用后天的勤奋来弥补先天的不足。生活中的男孩们，不要再为自己天资不如人而自暴自弃了，不妨学习一下西点军人，坚持不断充实自己的内在精神，量变达成质变，有一天，你会惊喜地发现，原来你已经具备了超群的智慧。

一个天资笨拙的人，只要能勤勤恳恳，做到"人一能之，己百之，人十能之，己千之"，就能变得聪明起来，成为对社会有用的人才。但反过来说，一个人即使天资再好，若不勤奋求学，也是不能成才的。在宋代，有个神童名叫仲永，五岁便会做诗，被乡里称为奇才，可谓聪明过人。但他出名后，不再勤奋上进，而是整天由父亲带着到处吃喝玩乐，结果诗才枯竭，"泯然众人矣"。类似这样的例子，在现实生活中也是屡见不鲜。

男孩们，在步入社会之后，长辈们经常教导你们要脚踏实地，只有脚踏实地，才能在事业上稳步前进。青年一代只要敢闯、愿学，克服心浮气躁，就一定能取得成就。

的确，有谁天生注定就是一个天才？又有谁天生就是一个蠢才？每一个人从诞生的那一瞬间开始，上天就给予了你智慧。为什么有些人名列前茅，而有些人名落孙山呢？答案只有两个字：勤奋。

爱因斯坦小时候，是被公认的一个小笨蛋，笨到同学们见到他就议论纷纷，笨到老师也觉得他无可救药了。可是，爱因斯坦却具有常人所没有的意志力，那就是"勤奋"！在手工课上，别的同学都交了一个精美的手工作品，可他却交了一个做工粗糙的小木凳子。大家都笑话他，老师也讽刺他："我看没有比这个更糟糕的东西了！"可是爱因斯坦却拿出了两个比这个更加糟糕的小凳子。这时，老师和同学们惊呆了，也由此改变了对他的看法。这是爱因斯坦成长过程中的一次小小的勤奋，他的收获是得到了同学和老师对他新的认识。

长大以后，爱因斯坦更加勤奋了，他不断探索，敢于创新。他一天的大部分时间都是在实验室度过的。别人学习时他在学习，别人玩耍时他还在学习，别人休息时他依然在不停地学习、钻研。经过多年的努力，爱因斯坦以"相对论"而闻名于世，并得到了诺贝尔奖。

在我们现实的生活中，如果你试着观察一下自己身边的一些同学或者同事、朋友等，你就会发现他们与那些名人一样，同样具有勤奋的精神。多

少次，当你沉浸在游戏的快乐中时，他们在默默地努力着；多少次，当你和朋友闲聊时，他们在静静地思考着。也许他们的天资并不如你，但往往到了最后，成功者的头衔却属于他们。这是为什么呢？原因就是他们勤奋。要想知道一个人的成就有多大，不仅要看他所获得的荣誉和知名度，而要着重了解他在成功之前究竟留了多少汗、克服了多少困难、花费了多少心血，准确地说就是看他到底有多勤奋。要知道，最终获得成功的人绝不是懒惰的！

西点启示

任何成功的法则中都有勤奋，伟大的成功和辛勤的劳动是成正比的，有一分劳动就有一分收获，日积月累，奇迹就可以创造出来。

那么，生活中的男孩，你该怎样做到勤奋呢？

1. 勤学习

提高自身素质是做好任何工作的前提条件，所以必须不断加强学习以提高自己的思想水平、理论水平、实践水平。

2. 勤请教

不懂就问是不断获取知识和提高自己的好方法。

3. 勤反思

这里的“反思”是指你需要带着头脑去勤奋，这样才不会因为盲目而劳而无获。

★勤奋在心,也需有健康体魄

当今社会,我们都知道珍惜时间、努力学习进而充实自己的重要性,但一个真正会学习的人是懂得劳逸结合的,因为疲劳战永远无法带来高效率。在生活节奏逐渐变快的今天,很多人在抓住一点一滴的时间学习和工作的同时,也在无形中付出了无法挽回的代价,那就是健康。生活中的男孩们,你们要明白,学习固然重要,但也需要有健康的体魄。只有合理安排时间,坚持劳逸结合的原则,才能高效地学习。

从西点毕业的那些著名的企业家、科学家、政治家们,他们每天都有那么多事情要处理,为何却还能将自己的时间安排得有条不紊?正确的答案是他们比别人更善于规划时间。他们做的每一件事都经过了精心的规划,他们成功地运用了许多重要方法而攀上顶峰,其中很重要的一门技巧就是:巧妙地利用时间,并懂得体格训练的重要性。曾任西点军校校长的道格拉斯·麦克阿瑟将军说过,每一个西点士官生都是一名运动员,而每一个运动员都面临不断的挑战。

就像一个真正会学习的人不会打疲劳战,因为学习效率的高低和学习时间的长短并不是完全成正比的。这一点,很多刚走出校门的男孩估计都有体会。挑灯夜战并不一定能提高学习成绩。

2006 年 2 月 27 日,在上海社会科学院亚健康研究中心举办的“过劳死”问题学术研讨会上,上海社科院社会学研究所助理研究员刘漪对最近发生的 92 个过劳死案例进行分析,发现近年来“过劳死”发病率直线上升、男性人群居多。科教、IT、公安和新闻行业“过劳死”人群的平均年龄已在 44 岁之下,成为高危人群。IT 界“过劳死”年龄最低,只有 37.9 岁。

IT 业为何会摘得这顶“黑色桂冠”？IDC 华东总监张明认为，这是由 IT 行业产品更新快所决定的。“听见过作家有过劳死吗？很少——因为他们写一部作品，会有很长的时间酝酿，有充分的时间构思。”

如今，“亚健康”这个词早已出现在我们的生活里。人们在忙碌地工作和学习时，一旦忽略了身心的调节，就可能给健康带来威胁。亚健康是一种临界状态，处于亚健康状态的人虽然没有明确的疾病，但却出现精神活力和适应能力下降，如果这种状态不能得到及时纠正，非常容易引起身心疾病。

生活中，很多男孩可能惊叹于西点人的成功，并对他们超强的意志力感到佩服，但可能你没有注意到一点，任何一个西点人在文化知识的学习和体能的训练上都是双管齐下的，正是因为如此，他们不但拥有超人的智慧，还拥有强健的体魄。“体能、心智和精神的完美统一”是西点军校体能训练和提升领导力的目标。

西点体能训练的宗旨绝不是培养四肢发达、头脑简单的运动健将，而是培养一种战士的精神和对使命与责任永不放弃的品质。北京大学国际 MBA 毕业生于 2007 年 5 月参观西点军校后难以忘却的印象之一，就是西点士官生的精神面貌和强壮的体魄。

负责西点军校 4000 名士官生体能训练、被西点校方在 2007 年授予“剑之王”的戴纽斯上校，在访问中国时，对北大国际 MBA 的学生讲述了西点军校领导力培育中体能训练和课程设置的重要意义。

西点军校要教育、培养并感染西点士官生，并使他们铭记“责任、荣誉、国家”，成为有品格、有勇气、精神刚毅、体能强壮的精英。为此目的，西点军校不仅对士官生有严格的学术、道德、理念和军事技能要求，还特别注重通过体能锻炼课程、健康生活讲座、肢体灵活性训练和一系列的体能测试来提高西点士官生的体能素质、耐力、爆发力、团队协作能力和在危机状况下的领导力与生存能力。体能锻炼课程除拳击、柔道、攀岩、体操、游泳等竞技性体能活动和比赛外，每个士官生必须通过体能训练的各种考核，以达到学校制订的标准。

45 岁的戴纽斯上校言行一致，身体力行。在短短一周的访华期间，他除了参加一些重大参观活动外，他还亲自参与北大国际 MBA2007 级学生到河北赤城地区的近 20 公里徒步拓展活动。

西点启示

身体是人生的本钱，勤奋在心，也需要有健康体魄。人的体能、心智、精神三者在互动的过程中才能达到平衡。

这一启示告诉了男孩健康体魄的重要性，你可以做到以下几点。

1. 调整心理状态并保持积极、乐观。

2. 正确对待压力，把压力看作生活中必须面对的一部分。学会适度减压，以保证健康、良好的心境。

3. 生活有规律，劳逸结合，保证充足的睡眠。劳逸结合有益于健康，人体生物钟正常运转是健康的保证，而生物钟“错点”便容易出现亚健康状态。

4. 增加户外体育锻炼活动，每天保证一定运动量。

5. 远离烟酒。医学证明，人吸烟时血管容易发生痉挛，局部器官血液供应减少，营养和氧气供给减少，尤其是呼吸道黏膜得不到氧气和营养供给，抗病能力也就随之下降。少量饮酒有益健康，但是嗜酒、醉酒、酗酒会削减人体免疫功能，必须严格限制饮酒量。

第5章

激情冒险，让勇敢的心在挑战中磨砺

——像西点军人一样热情勇敢，勇攀高峰

西点军校包括西点学员的辉煌业绩少不了激情、冒险和勇敢，西点人永远在不断地挑战自己。正如西点军校戴维·格立森将军所说，“要想获得这个世界上的最大奖赏，你必须拥有过去最伟大的开拓者所拥有的将梦想转化为全部有价值的献身热情，以此来发展和展示自己的才能”。即使他们遇到任何风险，他们也从不为自己找借口开脱，而是勇敢地站在风险面前，迎上去，并战胜它。这一点，任何一个渴望成功的男孩都应当引以为豪，并应当以西点人为榜样，从现在起，敢想敢做、理智果断，无论你的现状如何，你都能攀登一次次的高峰！

★让激情燃烧，让勇气沸腾

激情是一种强烈的情感表现形式，往往发生在强烈刺激或突如其来的变化之后，具有迅猛、激烈、难以抑制等特点。人具有激情，常能调动身心的巨大潜力，它能把人身体中的每一个细胞都调动起来，为了目标而奋斗。一个人若是没有热情，他将一事无成，而当他有无限热情时，任何困难都会被热情所熔化，也就容易做出成绩。生活中的男孩们，你们正处在朝气蓬勃的时期，无论做什么事情，都要充满激情，并让勇气带你去闯荡，不要害怕失败，你会发现，富有挑战的人生会更有意义！西点军校戴维·格立森将军说："要想获得这个世界上的最大奖赏，你必须拥有过去最伟大的开拓者所拥有的将梦想转化为全部有价值的献身热情，以此来发展和展示自己的才能。"

西点军校训练新学员学习和执行任务中的积极性，让他们倾注激情，在快乐中圆满地完成任务。调动学员的热情就是西点军事训练中的核心内容。西点学员从不无精打采地学习、磨磨蹭蹭地训练，正是他们良好的精神状态使他们做事更具有信心。热情对于西点人来说就如同生命一样重要。凭借热情，他们可以释放巨大潜能，把枯燥乏味的军校生活变得生动有趣，对职业具有狂热追求，他们的热情感染周围的亲友，让他们拥有良好的人际关系。凭借热情，他们获得上司的提拔和重用，赢得珍贵的成长和发展的机会。

一位名人曾说："只有激情，巨大的激情，才能震撼灵魂，成就伟大的事业。"其实，男孩们，只要你们细心寻找，我们的生活中无处不存在这样的例子。

我们一旦没有了激情这种奋斗的能量，也就失去了前进的动力。一旦失掉了热情，军队便失去了凝聚力；一旦失去了热情，人类也将会与许多伟大的事件擦身而过。人的一生可能如烈火熊熊燃烧，也可能静如湖水，选择成功就应该充满激情燃烧起来！

人们常说，年轻就是资本，年轻充满活力。而生活中，有些男孩年纪轻轻就失去了奋斗的激情和勇气，更不愿意尝试，因为他们认为，与其承受失败带来的痛苦，不如不尝试。抱着这样的态度，即使才华横溢的男孩，最后也只能沦为平庸之辈。

而实际上，无论你从事什么工作，无论你现在的起点如何，从身边的小事做起，你都能创造奇迹、创造辉煌。要知道，热情是高效率工作的动力，是高质量完成任务的重要因素，是创造辉煌业绩不可缺少的品质。火一般的热情会引导你走向成功的明天。

在西雅图有一个举世闻名的派克鱼摊，那里有洋溢着快乐的"飞鱼"表演，那里是快乐的天堂！

只要你走进市场，你很快就会看见在市场的尽头聚集了一群人，老远就能听到他们的喧哗声。走近了，你会发现大家像是看街头表演似的，一圈又一圈地围着几个穿着亮橘色塑胶背带裤的年轻小伙子观看。其中一个小伙子从身旁的鱼摊上拿起一条鲑鱼，转身就朝柜台一丢，中气十足地高声喊："鲑鱼飞到威斯康星！"柜台里的人敏捷地接住鱼，也大喊："鲑鱼飞到威斯康星！"他刚大声喊完，鱼就包好了，顾客开心地接过"飞鱼"在围观群众的欢呼中满意地离去。尽管海风越吹越冷，但是这鱼摊总是被人潮与笑声围得暖烘烘的。

鱼贩说，事实上，几年前的这个鱼市场本来是一个没有生气的地方，大家整天抱怨。后来，大家认为与其每天抱怨沉重的工作，不如改变工作的态度。于是，他们不再抱怨生活，而是把卖鱼当成一种艺术。再后来，一个创意接着一个创意，一串笑声接着另一串笑声，他们成为鱼市场中的奇迹。

有时候，鱼贩们还会邀请顾客参加接鱼游戏。即使怕鱼腥味的人，也很乐意在热情的掌声中一试再试，意犹未尽。每个愁眉不展的人进了这个鱼市场，都会笑逐颜开地离开，手中还会提满了情不自禁买下的货，心里似乎也会悟出一点道理来。

可能在常人来看，卖鱼的工作会让我们感觉到平庸甚至厌倦，但这些鱼贩们却以不同的心态在工作，他们能在最平凡的岗位上享受着工作带来的乐趣，并感染着身边的人。其实，这也是一种事业的成功，因为他们找到了自身存在的价值。

西点启示

各种梦想总是在烈火般的热情中得以实现的，各种奇迹也总是经过了热情火焰的捶打才被创造的。

这一启示告诉男孩们，需要从以下方面努力来激发自己的热情。

1. 积极主动

无论做什么，主动才能带来积极的成效，而被动只是消极怠慢，其结果也是消极的。当你追求积极向上的目标时，激情与勇气将会变成一种巨大的力量。对此，你需要克服惰性和消极的心态，把注意力集中于未来。

2. 明确目标

不要说空洞的话，“我打算多进行一些体育锻炼”“我计划多读一点书”。而应该具体、明确地表示“我打算每天早晨步行45分钟”“我计划一周中一、三、五的晚上读一个小时的书”。

其实，每个人内心都有热情，男孩们，你只有对自己的目标有热情，并好好利用这份热情，你一定能心想事成！如果你能以充分的热忱去做平凡的工作，你也能成为最精巧的工人；如果你以冷淡的态度去做工作，你也不过

是个平庸的工匠。倘若你能处处以主动、努力来工作，那么即使在最平凡的岗位中，也能增加你的威望和财富。

★激情有分寸，思考要理性

这是一个充满机遇和诱惑的时代。比如在投资市场，有些人充满激情，敢于冒险，从而最终把握了投资市场的机会，获得了巨大的成功。其实，神话和现实往往只在一念之间，纵观那些成功案例的背后，我们可以发现他们都有一个共同的特质，那就是富于激情、敢于冒险，在与风险的搏击中获得了成功。有人说，没有冒险就没有成功者，这句话虽然说得有些绝对，但冒险在某种程度上意味着成功的开始。但这并不意味着追求成功只需要激情而不需要理智。一个真正成功的人，必当是二者兼备的。

西点军人的特质是：在开始做事之前，总是充分信任自己的能力，深信所从事的事业必能成功。这样，在做事时他们就能付出全部的精力，破除一切艰难险阻，直到胜利。然而，西点军人也并不是鲁莽行事，为了冒险而冒险。在决定做某件事情前，他们一定会挖掘足够的信息，然后才能够准确预测出“有所作为的风险”和“无所作为的风险”，这样的冒险才是智慧的选择，才能使自己立于不败之地！

生活中的男孩们正是处在“初生牛犊不怕虎”的阶段，做事容易欠缺考虑，很容易走弯路。而实际上，只有用理性指导激情，才会让成功来得更容易。

克劳塞维茨说：“只有通过智力的这样一种活动，即认识到冒险的必要而决心去冒险，才能产生果断。”犹太人被公认是非常精明并且敢于冒险，正是兼备了这两种品质，他们才能解决遇到的危机。有一个故事颇能说明这

个问题。

约瑟夫在1835年投资了一家小型保险公司。但是在他投资不久,纽约就发生了一场特大火灾事故。很多同行心慌手乱,认为自己这次赔大了,纷纷低价转让自己的股份。这时约瑟夫剑走偏锋,出人意料地买下了这所公司全部股东的股份。这真是一场大的赌博。然而在处理完理赔后,他的公司的信誉突然增加了。虽然约瑟夫把保险金提高了一倍,但很多新的客户却很放心地在他这儿投保,约瑟夫由此也发了大财。

在有的人看来,约瑟夫的做法是冒险的。但约瑟夫并不是有勇无谋,他就是掌握了人们对保险这一行业的消费心理,只有自信,才能让他人相信自己。约瑟夫很好地处理了赔偿正是向人们证明了他的公司的信誉。

每一次风险都隐藏着许多成功的机会,只有敢于冒险的人,才会赢得财富。

20世纪50年代,欧美兴起塑料花热,李嘉诚迅速投资生产塑料花;60年代后期,香港经济起飞,地价开始跃升,他迅速投资购买大量土地;70年代后期,香港股市炒得很热,他果断迅速投资入市。

了解李嘉诚的人都知道,在这一次次的投资中,每一次都伴随着风险,但李嘉诚却最终获得了成功。这其中的原因之一就是李嘉诚能及时把握政策,看清时势,果断投资。洛克说过“一个理性的动物,就应该有充分的果断和勇气,凡是自己应做的事,不应因里面有危险就退缩”。

生活中的男孩们从中也应该有所启发。如果我们细细揣摩一下这些成功者的经历,他们看上去都很冒险,似乎有些不可思议,但其实这些都是表面现象。就拿投资而言,其实在这些成功案例的背后,有着他们理性分析后所发现的投资潜在的巨大价值,而正是潜在的巨大价值才使得他们敢于在看似危险的时候果断进入。在这里,我们恰恰看到的是一种敢作敢为的精神。有专家认为,现代社会充满竞争,而要想在竞争中脱颖而出,风险意识是必须具备的一种现代意识。只有敢于冒风险,又能冷静下来理性思考,才

能开拓崭新的事业，创造出一番新天地，获取巨大的财富。

在追求成功的过程中，只有充满激情、敢于冒险，并用理性指导自己的行动，学好更多的专业知识，做好更为周全的规划，这样才能在风云变幻的当今社会中取得成功。

这一启示更验证了《孙子兵法》里的一句名言“知己知彼，百战不殆”，要真正做到成功细中取，知己知彼才能把握机会。

1. 知己

虽然说富贵险中求，但每个人的风险承受能力都是不一样的，所以冒险也要因人而异。比如对于事业处在起步阶段的男孩们，你们的风险承受能力大一些，可以从事一些“高风险”的冒险活动。而对于那些经历过失败的男孩们来说，情况就不一样了，需要三思而后行。

2. 知彼

男孩们除了需要把握自身情况以外，尽量让自己的努力与社会和市场接轨。另外，你还需要给自己留条后路，能够保证最基本的生存条件，这样才能有“东山再起”的机会。

★充满活力，让周身散发强大的气场

我们发现，成功人士都有着鲜明的个性，那就是活力。他们都非韬光养晦的“潜龙”，而是个性鲜明的商界领袖。正是这种魅力，他们能用活力带动

周围的气氛，并产生积极的作用。生活中的男孩，无论你现在从事的是什么职业，都不要忘记热爱你的职业、热爱你的生活，不要忘记，即使再平凡的生活，也可以用热情和活力点燃青春的梦想。

西点人敬仰的拿破仑亲率军队作战时，只要他站在前线，同样一支军队的战斗力便会增强一倍。军队战斗力的强弱在很大程度上基于兵士对于统帅敬仰与否。如果统帅抱着怀疑、犹豫的态度，全军便要混乱。拿破仑的勇敢与坚强使他统率的每个士兵提升了战斗力。

这就是一种领导力，一种人格魅力。作为年轻人，如果你死气沉沉的，对任何事都提不起兴趣，那么你带给周围人的影响也是消极的。在一连串消极情绪的影响下，向往积极情绪的人们只会否定你，远离你，甚至孤立你。而这会给你的工作带来障碍，并阻碍人际关系的发展。

西点人强调领导魅力的作用。权力是外界给予的，魅力则是领导者自身的品行和素养。有活力的领导会给被领导者带来巨大的影响力，使人产生敬佩感，使团队增强凝聚力。而同时，活力也是一种非权力性的力量，是后天受到教育的熏陶影响而逐步形成的。身体力行的领导正是通过这种精神品质吸引、感召、影响、凝聚、亲和团队中的每一个人。

活力是个人魅力的一部分。在竞争激烈的商界，个人魅力往往是广聚人才的前提，而善聚人气的企业家也就更容易赢得广聚财气的机会；相反，那种奉行冷漠原则的管理者，若想历经商战而能成就伟业，大概也只能是痴人说梦而已。

休斯·查姆斯在担任“国家收银机公司”销售经理期间，该公司的财务状况发生了困难。这件事被负责营销的经理知道后，他的消极情绪影响了营销人员的士气，营销人员因此失去了工作热情。公司的销售量开始下跌，到后来，情况越来越严重。休斯·查姆斯不得不召集全体销售人员开一次大会，在全美各地的营销人员均被要求参加这次会议。

会议开始后，休斯·查姆斯首先请手下最佳的几位销售员站起来，要他

们说明销售量为何会下跌。而这些销售员在被叫到名字后，一一站起来，每个人都陈述了原因，但基本上无外乎“商业不景气”“奖金缺乏”等。当第五个销售员开始列举使他无法达到平常销售配额的种种困难情况时，查姆斯先生突然跳到了一张桌子上，高举双手，要求大家肃静。然后他说道：“停止，我命令大会暂停10分钟，让我把我的皮鞋擦亮。”随即，他让坐在附近的一名黑人小工友把他的擦鞋工具箱拿来，并要这名小工友替他把鞋擦亮，而他就站在桌子上不动。

在场的销售人员都惊呆了，以为查姆斯先生突然发疯了。他们相互之间开始窃窃私语。与此同时，那位黑人小工友先擦亮一只鞋子，随后又继续擦另一只鞋子。他不慌不忙，动作简洁利落，表现出一流的工作技巧。皮鞋擦完之后，查姆斯先生给了那位小工友一毛钱，然后开始发表他的演说。

“我希望你们每个人，”他说，“好好看看这个黑人小工友。他拥有在我们的厂区及办公室内擦皮鞋的特权。他的前任是位白人小男孩，年纪比他大得多。尽管公司每周补贴白人男孩5元的薪水，而且工厂里有数千名员工，但他仍然无法从公司赚取足以维护他生活的费用。这位黑人小男孩不仅可以赚到不错的收入，既不需要公司补贴，每周还可以存下一点钱来，而他和他前任的工作环境完全相同，也在同一家工厂内，工作的对象也完全相同。我现在问你们一个问题：‘那个白人小男孩拉不到更多的生意，是谁的错？是他的错，还是他的顾客的错？’”

那些推销员不约而同地大声回答说：“当然了，是那个小男孩的错。”“正是如此。”查姆斯回答说，“现在我要告诉你们，你们现在推销收银机和此前的情况完全相同，同样的地区、同样的对象，以及同样的商业条件。但是你们的销售成绩却比不上一年前。这是谁的错？是你们的错，还是顾客的错？”同样传来了响亮的回答：“当然，是我们的错。”“我很高兴，你们能坦率承认你们的错。”查姆斯继续说，“我现在要告诉你们，你们的错误在于你们听到了有关公司财务发生困难的谣言，这影响了你们的工作热忱，因此，你

们就不像以前那般努力了。只要你们回到自己的销售地区,并保证在以后30天内,每人卖出5台收银机,那么公司就不会再发生什么财务危机了,以后再卖出去的,都是净赚的。你们愿意这样做吗?"大家都说愿意。事后,大家果然都这样做了,并实现了预期的目标。

这件事情记录在"国家收银机公司"的历史上,名称就叫"休斯·查姆斯的百万美元擦鞋"。休斯·查姆斯正是以他的激情和活力,焕发了销售人员的热情,使相同的人发挥了不同的能量。该事件扭转了销售连续下滑的局面,使公司走出了困境。

毋庸置疑,凭借活力我们可以释放出潜在的巨大能量,展现一种坚强的个性。凭借热情,我们可以把枯燥乏味的工作变得生动有趣,使自己充满活力,培养自己对理想的狂热追求;凭借热情,我们可以感染周围的亲友,让他们理解我们、支持我们,从而拥有良好的人际关系;凭借热情,我们可以获得上司的提拔和重用,赢得珍贵的成长和发展的机会。

人的情绪是会被感染的,你快乐,所以我快乐。如果你没有热情,你就不能打动他人。人们喜欢那些能够改变他们情绪状态的人。热忱是获得成功的一个要素。在团队当中,很多人因为热情使自己一再提升,但同时也有很多人因为缺乏热情,慢慢走向一败涂地的境地。成功与失败有时取决于你的热情。

这一启示告诉男孩们,你要像西点军人那样,对任何一件小事,任何一个细节,都认真对待、关注,每做一件事情都全身心地投入,充满热情,那么你终究有一天会成功。

★热情冷却，就会冰封你的成功之路

热情就像火种，它能点燃人身上的潜能，让人所有的能力充分地发挥出来。而相反，一旦失去激情，人便失去了斗志，那就不可能再取得任何的进步。爱默生说："没有热情，任何伟大的业绩都不可能成功。"不少人失败的原因不是没有能力，也不是没有机会，而是失去了热情。生活中的男孩们，在追求成功的路上，无论遇到什么困难，你都不要让你的热情冷却，只有用热情，才能不断燃烧你成功的梦想。很多西点军人都是依靠热忱取得成功的。

西点军校上尉艾赛巴克·尼尔曾说过："我们从不把西点军校的生活看作乏味的事情，我们从军事训练中获得更多的意义。"西点学员从学习当中找到乐趣、尊严、成就感，以及和谐的人际关系，这是他们作为一名合格军人所必须承担的责任。

西点军人依靠热忱取得成功，他们在工作岗位中也是如此。毕业于西点军校的著名棒球运动员杰克·沃特曼正是凭借热情，创造了一个又一个奇迹。

"当我退伍后，我加入了职业球队。但不久，我遭到有生以来最大的打击，因为我被开除了。我的动作无力，因此球队经理有意要我走人。他对我说：'你这样慢吞吞的，哪像是在球场混了二十多年。杰克，离开这里之后，无论你到哪里做任何事，若不提起精神来，你将永远不会有出路。'本来我的月薪是175美元，离开之后，我加入了亚特兰大球队，月薪减为25美元。薪水这么少，我做事当然没有热情，但我决心努力试一试。待了大约十天之后，一位名叫丁尼·密亭的老队员把我介绍到罗杰斯曼顿镇去。在罗杰斯

曼顿镇的第一天，我的人生有了一个重大的转变。我想成为得克萨斯最具热情的球员，并且我做到了。

我一上场，就好像全身带电一样。我强力地击出高球，使接球手的双手都麻木了。记得有一次，我以强烈的气势冲入三垒，那位三垒手吓呆了，球漏接了，我就击垒成功了。当时气温高达华氏100度，我在球场上奔来跑去，极有可能中暑而倒下去。

这种热情所带来的结果让我吃惊，我的球技出乎意料好。同时，由于我的热情，其他队员也都兴奋起来。另外，我没有中暑，在比赛中和比赛后，我感到自己从来没有如此健康过。第二天早晨我读报的时候异常兴奋。《得克萨斯时报》说：'那位新加入的球员，无异是一个霹雳球手，全队的其他人受到他的影响，都充满了活力，他们不但赢了，而且是本赛季最精彩的一场比赛。'由于对工作和事业的热情，我的月薪由25美元提高到185美元。在后来的两年里，我一直担任三垒手，薪水涨到当初的30倍之多。为什么呢？就是因为一股热情，没有别的原因。"

"热情的态度是做任何事的必要条件。任何学员，只要具备了这个条件，都能获得成功。"西点军校赛尔西奥·齐曼将军道出了西点军校成功的奥秘。这也是杰克·沃特曼成功的秘诀。任何一个渴望成功的男孩都要把这句话当成奋斗过程中的座右铭。因为热情能带动人不断奋斗的积极性，而如果这种热情冷却了，那么也就失去了奋斗的动力。一个人一旦放弃了奋斗的心，那么他就只能注定失败。

正是因为如此，在西点军校，教官们尤其注重对不同潜质的学员能力的发掘和引导。在西点的教官眼里，那些充满乐观精神、积极上进的学员做什么事都干劲十足，神情专注，心情愉快，自己创造机会、把握机会，一心想把训练任务完成得更加完美。

教官运用一切方法来充分调动学员的积极性，也时时刻刻影响着周围的学员，让他们体会到热爱工作的意义和快乐。西点的教官可以说就是热

爱工作的典范。西点的教官对自己的训练工作有着非常严格的要求,他们在训练新学员的过程中竭尽全力,以满腔热情、爱心和责任心对待每一位学员,学员也能从他们那里得到教育,并且受益无穷。教官们好像要把温暖的阳光一丝不留地照射到每个学员的心中。

但实际生活中的我们呢?很多时候,面对平凡的岗位和琐碎的工作,我们往往报以抱怨。年轻的男孩们何尝不是如此呢?哈佛大学商学院丹尼斯·辛莱克教授对500家公司做过一个调查,结果显示有80%的员工视工作为苦役,而且迫不及待地想要摆脱工作的桎梏。在办公室、商店、工厂里,随处可见一些男孩做事拖沓,似乎连走路都要费很大的劲,让人觉得生活对他们来说是一个沉重的负担。他们厌恶自己的工作,希望一切都快些结束,他们根本就不清楚为什么别人能充满热情、干劲十足,自己却总是觉得什么事情都乏味无聊。

西点启示

当你被欲望控制时,你是渺小的;当你被热情激发时,你是伟大的。无论你活得充实还是平淡,无论你将变得杰出还是变得平庸,这一切都取决于一个意念,取决于你心中的愿望。一个锐意进取的人必须具备热情和创造力。

那么,生活中的男孩们,你们该如何保持不变的热情呢?

1. 做事理清目标

你需要明确的是:我该准备些什么、我该如何完成、完成后我能够得到什么。当你理清这些思路并制订一个逐步实施的计划后,你会发现你在保持做事热情上有较明显的提高。

2. 强化动机

你要确定自己做一件事的目的，也就是动机。从你的内心感觉到你所做的事情是有意义的，对你和别人都是很有价值的。然后不断地强化自己的感觉，让别人都感觉到你是很有热情的，逐渐愿意加强与你的接触，支持你所做的事情，很快你就会感觉到自己有一颗充满热情和热忱的心。

★敢于冒险，往往第一个成功

我们听过一句话，第一个成功的人往往是那个第一个“吃螃蟹的人”！也就说，敢于冒险的人，往往会第一个成功。据社会学家预测，未来的社会将变成一个复杂的、充满不确定性的高风险社会，如果人类自由行动的能力总在不断增强的话，那么不确定性也会不断增大。生活中的男孩们，你们应该意识到，各种变化已经在我们身边悄然出现，勇敢地投身于其中的人也越来越多了，而如果你不积极行动起来，缺乏竞争意识、忧患意识，安于现状、不思进取，如果你还没被惊醒的话，就会被时代所抛弃，被那些敢于冒险的人远远甩在后面。充满冒险精神，敢于争当第一，是每个成功的西点人给我们的启示。

西点军人都知道，与金钱、势力、出身、人脉相比，自信、勇敢是更有力量的东西，是他们从事军人职业最可靠的资本。自信、勇敢能排除各种障碍、克服种种困难，能使事业获得完美的成功。在《哈得逊周刊》成功箴言版里，史迪威将军这样说，“我打了那么多次胜仗，其实说起来毫无秘密，因为我总能看到希望”。

两军对阵训练中，西点的学长们总是冲在最前面。对西点学员来说，最危险的位置是一个象征荣誉的位置。凯撒说："如果我是块泥土，那么我这块泥土也要预备给勇士来践踏。"

在西点的训练课程中，学员们总是一次次挑战自己以前从来不敢做的事情，这样的训练经历得多了，对于任何事情都不会再有惧怕感了，在遇到问题的时候，就总是能够迎难而上，不会再有半点犹豫。

在现代社会，不敢冒险就是最大的冒险。没有过人的胆识，就没有超凡的成就。生活中的男孩们，你们也需要和西点军人一样勇敢地冒险，勇于尝试，这样，你就有了做第一个成功者的机会。胆量是使人从优秀到卓越的最关键的一步。海尔总裁张瑞敏先生说："如果有50%的把握就上马，有暴利可图；如果有80%的把握才上马，最多只有平均利润；如果有100%的把握才上马，一上马就亏损。"

很多成功者为什么能白手打天下，就是因为有敢为天下先的超人胆识。比尔·盖茨靠什么法宝建立了他的微软帝国？他为何在竞争激烈的现代经济中独占鳌头而历久不衰？

在比尔·盖茨看来，成功的首要因素就是冒险。在任何事业中，把所有的冒险都消除掉的话，自然也就把所有成功的机会都消除掉了。在他的身上体现的最持续一贯的特性就是强烈的冒险天性。他甚至认为，如果一个机会没有伴随着风险，这种机会通常就不值得花心力去尝试。他坚定不移地认为，有冒险才有机会，正是有风险才使得事业更加充满跌宕起伏的趣味。

他是一个具有极高天分、争强好胜、喜欢冒险、自信心很强的人，他在本行业的控制力是惊人的，以致有评论说：微软公司正在屠杀对手，看来几近垄断软件行业。

事实上，比尔·盖茨从学生时代就开始培养冒险精神。他在哈佛的第一个学年故意制订了一个策略：多数的课程都逃课，然后在临近期末考试的

时候再拼命地学习。他想通过这种冒险，试验自己如何花尽可能少的时间，而又能够得到最高的分数。他做得很成功，通过这个冒险他发现了一个企业家应该具备的素质：用最少的时间和成本得到最快最高的回报。

他总是在培养自己好斗的性格，因而被人骂做"红眼"。久而久之，他成为令所有对手都胆怯的人物，因为他绝对不服输，绝对不会退缩，绝对不会忍让，更不会妥协，直到他自己取得了胜利。这种个性成为他创业时期的最明显的特征，他令一个个对手都败在了自己的手下。

但是他同时又是一个最不满足的人。到了20世纪90年代，他已经成为世界首富，但是不满足的心理依然驱动着他继续自己的冒险事业。一次，他在接受记者的采访时说："我最害怕的是满足，所以每一天我走进这间办公室时都自问：我们是否仍然在辛勤工作，有人将要超过我们吗，我们的产品真的是目前世界上最好的吗，我们能不能再加点油，让我们的产品变得更好……"

生活中有很多人包括那些朝气蓬勃的男孩们，他们之所以不敢去冒险，是因为他们意识到了风险的存在。的确，风险可能会导致失败，但也会使你获得意想不到的收获，不冒风险看似安全，但它只会使你的一生在平庸中度过。

在西点学员眼中，从来就没有什么不敢做的事情，任何困难在他们面前都不是问题。没有经历过严酷训练的人，永远都无法体会训练的艰难。学员们在训练中不断战胜自己，他们总能敢于挑战原来不敢做的事情，也许，这也是他们能够在日后有所成就的一个重要原因。这一点是值得我们学习的。然而在工作中，有些人总是有很多畏惧的事，这不敢做，那不敢做，自己给自己设下了重重的限制，成功也就往往失之交臂。

西点启示

第一个成功的人往往是那个第一个“吃螃蟹的人”！敢于冒险，你才能有机会脱颖而出。

这一启示告诉每个男孩，大胆地去尝试吧，有冒险才有成功。

1. 进取心态是根本

席巴·史密斯说：“许多天才因缺乏勇气而在这世界消失。每天，默默无闻的人们被送入坟墓，他们由于胆怯，从未尝试着努力过；他们若能接受诱导起步，就很有可能功成名就。”

任何人，一旦甘于平淡和默默无闻，那么其结果也就是平淡。只有积极进取，才能勇于尝试。具有积极进取的心态是迈向成功的第一步。

2. 勤于思考，降低风险

培根说：“我们要时时注意，勇气常常是盲目的，因为它没有看见隐伏在暗中的危险与困难，因此，勇气不利于思考，但却有利于实干。因为在思考时必须预见到危险，而在实干中却必须顾及危险，除非那危险是毁灭性的。所以对于有勇无谋的人，只能让他们做帮手，而绝不能当领袖。”

的确，冒险是需要勇气的，但敢于冒险还需要有头脑，有道是“富贵险中求，成功细中取”。冒险绝不等于蛮干，它是建立在正确的思考与对事物的理性分析之上的。

★成功不是说说的，要放手去做

生活中有这样一些男孩，他们总是说自己很勇敢，而到真正表现自己勇气的时候，却左右迟疑、不敢付诸实践。其实，这不是真的勇敢。因为勇敢不是停留在言语上，而是要放手去做的。

在现实生活中，很多人常常就是因为左顾右盼、没有具体行动而最终一事无成。

一天，有人问一个农夫他是不是种了麦子。农夫回答："没有，我担心天不下雨。"那个人又问："那你种棉花了吗？"农夫说："没有，我担心虫子吃了棉花。"于是那个人又问："那你种了什么？"农夫说："什么也没有种。我要确保安全。"

毕业于西点的威廉·B. 富兰克林说过这样一句话："要求永远不犯错，正是什么也做不成的原因。"一个总是考虑风险而不愿行动的人，只能一事无成，就像农夫一样，到头来什么也没有。回避困难的同时他们也失去了收获成功的机会。

西点军校的冒险精神要求的首先是勇敢精神。在西点，任何一个学员都必须坚持"无条件执行"的原则，因为在战场上光有勇气而不行动的人只能给自己带来耻辱。而对每一个具有奉献精神的西点学员来讲，军人是一项光荣的冒险事业。他们一早从床上跳下来就充满着战斗力，因为只要学员对问题采取积极的态度，他的问题就已经解决了一半，只要他使出更大的心力，胜利就会提早来临。

在西点，学员训练营的格言是："随时随地表现自我，敢于冒险，倾尽心力！"在这样一个自励过程中，所有新学员都在全心全力地表现自我、发展自

我。来西点受训的学员能体验到生命的各个方面都充满活力。还有什么地方更能让他们体会到生命的新境界呢?

当然,人的勇气并非与生俱来的,西点军人也是一样。生活中,有些男孩本身能力并不差,但是因为不敢走出第一步,失去了很多锻炼自己、提高自己的良机,这样就使得自己在“训练场”上不断失利。不敢冒险的人、不敢真正跨出第一步的人最终的结果只能使自己在人生的舞台上越来越渺小。没有舞台的演员就像被缴械的军人、被剥夺了画笔的画家,成功离他就越来越远。

狄奥力·菲勒出生在一个贫民窟,他以自己独到的眼光积极动手,获得了巨额财富,成了世界著名的企业家。

小时候,菲勒把一辆从街上捡来的玩具汽车修好,让同学玩。然后向每人收0.5美元。一个星期之内,他赚回的钱足够买一辆新的玩具车。这件事对他感触很深,他学会了在别人司空见惯的东西上发掘商机。这让他终生受益无穷。

一次,一艘日本轮船在航行中遇到风暴,船上一吨丝绸被染料浸过,上等的丝绸变成没人要的废品,货主无奈,要把一堆布扔进大海。菲勒得到这个消息,马上找到货主,表示愿意免费把这批废品处理掉,货主非常感激。得到这匹布,他就把它做成了迷彩服装。这笔生意让他赚到十多万美元。

菲勒曾用10万美元买了一块地皮。一年后,新修建的环城路在那块地附近经过。一位开发商用2500万美元从他手中买走了那块地。

菲勒的思维是与众不同的,他有一双发现财富的慧眼,能够“在别人司空见惯的东西上发掘商机”,这是菲勒最可贵的创业资本,也是他成功的秘诀。不过这里,我们更佩服的是他敢于行动,那就是敢想并敢做。一个人,即使有再多的想法并信誓旦旦,如果不付诸实施,那也是徒劳。

但生活中那些空有抱负、没有行动的男孩也为数不少。

20岁的小伙子小周刚开始参加工作时,与同时进入公司的员工一样,能

力差不多,业绩差不多。可他总是顾虑太多,前怕狼后怕虎,唯唯诺诺,不敢提出自己的合理主张,什么新的工作都不敢去尝试,稍微难一点的工作他更不敢去接,唯恐避之不及。慢慢上司就不再把重要工作交给他去办了,他成了办公室里“多余的人”。几年后同进公司的人都在各种岗位得到了充分的锻炼,开始独当一面,成为公司发展的重要人员了。可小周还在做着那些重复性的“安全工作”。他彻底“安全”了,困难的任务不会再划到他身上了,因为公司已经几乎把他忘记了。听说公司近期要精简人员,也许那时会第一个想起他来。

恐怕任何一个男孩都不想落得小周那样悲哀的下场,那就勇敢地迈出那“划时代”的一步吧!一切都将改变。

西点启示

其实人的一生就是一场冒险,走得最远的人是那些愿意去做、愿意去冒险的人。我们每一个人都要相信自己能成功,要鼓起勇气,尝试迈出第一步,这才是真正的勇者。

渴望成功的男孩们,要把西点军人当作自己行动的导师,去做自己想做的每一件事,那么成功就会在你脚下,否则只是空有美好的愿望而无法实现。

1. 克服恐惧

去做不敢做的事,本身就是克服恐惧、建立信心的最佳方法。困难的事不去做,再碰到还是畏惧,那么你就永远不会提高。只要你还有不敢去做的工作,就证明你还有差距和不足。当你鼓起勇气做了这件曾经让你害怕的事情,那么你就已经进步了、提高了。当你坚定地走出了第一步,你就已经迈进了成功的门槛,在不远的将来你会成为一位充满信心、勇气的职场勇

士了。

2. 要有必胜的信念

如果我们分析研究那些成就伟大事业的卓越西点军人的特质，那么就可以看出他们的一个共性：在开始做事之前，他们总是具有充分信任自己能力的坚强自信心，深信所从事的事业必能成功。这样，在做事时他们就能付出全部的精力，破除一切艰难险阻，直到胜利。

★ 大胆尝试，男儿要闯出一片天

年轻是什么？年轻是热情，是执著，是"初生牛犊不怕虎"的精神。而实际上，并不是所有的男孩都血性方刚，都敢大胆地去冒险、去闯荡，有些男孩宁愿生活在父母长辈为自己编织的美梦中，宁愿固守自己的一片天地而不愿尝试，他们终其一生也只能碌碌无为。每个男孩都应将"恰同学少年，风华正茂，挥斥方遒"作为自己的座右铭。年轻就是资本，失败了大不了重新来过，当下的这片天固然很蓝，但充其量现在的你只能是井底之蛙，更广阔的天空需要你跳出来。

美国人派吉曾写过一段著名的话，题目叫《只为今天》，在美国广为流传。他特别强调"只为今天，我要用三件事来锻造我的灵魂：我要为别人做一件好事；我还要做一件我并不想做的事；更重要的我要做一件我不敢做的事"。西点人就是这么做的。

在西点学员眼中，从来就没有什么不敢做的事情，任何困难在他们面前都不是问题。没有经历过严酷训练的人，永远都无法体会训练的艰难。学员们在训练中不断战胜自己，他们总能敢于挑战原来不敢做的事情，也许这也是他们能够在日后有所成就的一个重要原因。

西点人崇尚自动自发的精神,依靠自身心态与情绪的调节,积极应对一切。他们不是被动地接受命运,而是自主地调整心态,面对一切挑战。

西点学员在训练过程中克服困难的毅力是何其惊人,其精神和态度又是令人敬佩,这值得我们每个人学习。然而在工作中,有些员工总是惧怕承担责任。自己给自己设下了重重的限制。

现实世界中,有些人总是把自己的现状归结于命运的安排,有些人总习惯于把自己的艰难归咎于命运。

通常情况下,人们在困难逆境中,这种冒险的意识就会被激发。因为如果你不愿尝试新的方法,你就会被困难重重围住,最终失去任何出路。此时,如果你能放手一搏,你的路途会更广阔。中国残奥游泳队杨博尊就大胆地说过:"我要做的就是挑战自己! 挑战自己、超越梦想,我们赛场见!"

西点启示

许多时候,我们不能改变现状,不能改变世界,但是我们能够改变自己的心态。改变自己,以热情的心和敢闯的勇气来面对一切,大胆尝试,闯出一片天,你的世界会别样的精彩!

这一启示告诉男孩们,不要被自己的心所限制,大胆地做你不敢做的事吧。为此,你可以这样做。

1. 迈出"第一步"

勇敢地迈出那"划时代"的一步,一切都将改变。大胆尝试是克服恐惧的一剂良药,先从你生活中或工作中的小事做起。比如,过去在公司会议中,你可能曾认为"我的意见可能没有价值,如果说出来,别人可能会觉得愚蠢",并常常对自己许下很微妙的诺言"等下次再发言吧"。就这样许多表现自己能力的好机会白白浪费了,而且你会越来越丧失信心和勇气。你应该

彻底改变过去的你，那就大胆地发言吧！

2. 为自己拟定一份“战书”

向自己不敢做的事下“战书”就是拿过去不敢做的事、曾经畏惧的事情“开刀”，能够帮助克服恐惧心理，扫除心里的“精神垃圾”，以树立起信心。

也许你还有很多过去不敢做的事，那就列个困难清单逐个给它们下“战书”，只要做到每天有突破、有进步，总有一天你会把所有的“不敢做”都变成“不，敢做”，那么胆小怯懦的“旧你”就成为自信勇敢的“新你”了，成功就会向你招手！

第6章

不找借口，男子汉做事果敢高效

——像西点军人一样当机立断，言行必果

现代社会，一个人要想成功，就必须要有强有力的执行力。这也是成功的西点人的做事准则。西点军校毕业生 Sybase 软件公司总裁马克·霍夫曼说过："对西点军人来说，对上司布置的任何任务，无论有多大的困难，甚至要牺牲自己的生命，但他们的回答只有一个'是的，长官'。"的确，西点军人的字典里从来没有"借口"两字，在执行任务中，遇到困难总是想尽办法克服，不惜一切代价坚决完成任务。生活中，渴望成功的男孩们，如果你也渴望成功，那么就和西点军人一样，不需要任何借口，不需要拖延，不需要迟疑，从现在开始为梦想行动吧！

★不甩掉借口，就永远没有出口

人生在世，每个人都必须具备责任感，这不仅是对他人负责，也是对自己负责。而借口与托词则是责任的天敌。一个顶天立地的男子汉必须要有责任心。

而现实生活中缺乏责任感的男孩并不少见。无论做什么事，缺乏责任感难免都会失职，但有的人总是为自己的失职找寻借口，而不是坦率地承认自己的失职。出现问题时，他们不是积极、主动地加以解决，而是千方百计地寻找借口，致使工作无绩效，业务荒废。可想而知，这样的男孩怎么可能有工作和事业上的突破？但男孩们敬仰的西点人则完全不是如此。他们除了"无条件执行"以外，还从不为自己找借口。

"保证完成任务！"是西点军人的标志性话语。"保证完成任务！"决不是一句简单的口号，它是一名军人对命令的承诺，它是勇士对责任的崇敬，它是全世界的军人、战士对理想的追求。在西点军校中，任何命令都是"言必信、行必果"的军令状，只有执行，没有任何借口。因为西点军人的字典里从来没有"借口"两字，在执行任务中，他们遇到困难总是想尽办法克服困难，不惜一切代价坚决完成任务。

有命令就要去执行，这是军人的准则，也是一个普通人处世的智慧。男孩们也应该谨记。无论你做什么事，只知抱怨，永远也不会做好。

一个漆黑、凉爽的夜晚，地点是墨西哥市，坦桑尼亚的奥运马拉松选手艾克瓦里吃力的跑进了奥运体育场，他是最后一名抵达终点的选手。

这场比赛的优胜者早就领了奖杯，庆祝胜利的典礼也早就已经结束，因此艾克瓦里一个人孤零零地抵达体育场时，整个体育场已经几乎空无一人。

艾克瓦里的双腿沾满血污，绑着绷带，他努力地绕完体育场一圈，跑到了终点。在体育场的一个角落，享誉国际的纪录片制作人格林斯潘远远看着这一切。在好奇心的驱使下，格林斯潘走了过来，问艾克瓦里为什么要这么吃力地跑到终点。

这位来自坦桑尼亚的年轻人轻声地回答说："我的国家从两万多公里之外送我来这里，不是叫我在这场比赛中起跑的，而是派我来完成这场比赛的。"

这是让人振奋的一句话：没有任何借口，没有任何抱怨，职责就是他一切行动的准则！然而，无论在生活还是工作中，我们总是能看到很多借口的影子。

"因为我资源不足，所以我做不了。"

"我没有完成这些工作，是因为这段时间太忙，毕竟我是一个人，不是机器。"

"我做错了，但是大家不都是这么干的吗？"

"我没有去克服困难，因为我从来没有过这方面的培训。"

"如果其他人更好地配合我的话，我想我会做得好些。"

……

无所不在的借口，像空气一样弥漫在我们周围。借口变成了一面挡箭牌，事情一旦办砸了，就能找出一些冠冕堂皇的借口，以换得他人的理解和原谅。找到借口的好处是能把自己的过失掩盖掉，心理上得到暂时的平衡。但长此以往，因为有各种各样的借口可找，人就会疏于努力，不再想方设法争取成功，而把大量的时间和精力放在如何寻找一个合适的借口上。

从古至今，成大事者，都有担当大任的品质，这其中就包括责任心。这一点，同样适用于竞争日益激烈的现代社会。比如，一流的企业需要一流的员工。只有一流的员工，才能担当企业赋予的重大责任。而这里的"一流"是必须包含强烈的责任心、集体荣誉感和爱岗敬业精神，也就是"一流"的完

成工作任务的能力和态度。

处在平凡岗位的男孩们,或许你经常感叹为什么成功的机遇总是不关照你,为什么领导不愿意让你担当重大事件的处理工作,为什么同事们不愿意信任你。那么,不妨从现在开始反省,你是否有推脱责任、找借口的习惯?如果有,就从现在开始,像西点军人那样彻底把借口从你人生的字典中永远剔除,不要再做只想"如果"的人,而是做一名只想"如何"的人。"如果"和"如何"虽只是一字之差,但却代表两种迥然不同的态度。"如果"只会让你推脱责任,逃避困难,而"如何"是一种积极的思维方式,你会从失败中找根源,会积极寻找更有效的办法和措施来解决问题。

西点启示

每一个人都要学会忍受不公平,学会恪尽职责,明白表现不达到十全十美是"没有任何借口"的。只有秉持这种信念,才有可能激发起一个人无比的毅力,产生最大的效果。

这一启示告诉男孩们,一个不负责任的人往往会找很多借口为自己辩解,而一个有责任感的人应时刻谨记:责任面前没有任何借口。为此,你需要明确以下两点。

1. 没有任何借口

任何借口都是推卸责任。在责任和借口之间,选择责任还是选择借口,体现了一个人的生活和工作的态度。我们在做事的过程中,总是会遇到挫折,我们是迎难而上还是为自己寻找逃避的借口?这需要我们自己选择。如果你遇到困难时就会找不同的借口,试图使别人相信你做或不做都是对的。然而这些借口不仅破坏他人对你的信任和认可,还变成了制约你的枷锁。借口就像挡在你面前的重重障碍,阻止你成为更有效率的战士。

2. 不要试图让别人为你承担失职的责任

有些不负责任的男孩在事情出现问题时，首先考虑的不是自身的原因，而是把问题归罪于外界或者他人。这样的做法不仅会让你养成推脱责任的坏习惯，还会影响你的人际关系。

抛弃找借口的习惯，你就会在做事过程中学会解决问题的技巧，这样借口就会离你越来越远，而成功就会离你越来越近。

★借口是懦弱之人的失败点

生活中有这样一些人，他们在做一件事情不成功或者被批评的时候，总是会找种种的借口，因为他害怕承担错误，害怕被别人笑，或者只是想得到暂时的轻松和自我解脱。但正是这种心态使得他们总是不成功或者被批评，因为他们是懦弱的。有人说，成功靠的不仅仅是一种能力，更是一种心态。一个人一旦具备了这种成功的心态，那么他就注定能成功。“不找借口”就是勇敢者的助推器，而借口则是懦弱之人的失败点。“不找借口”也正是很多西点人成功的根本原因。

在西点，“没有任何借口”这句话深入人心。它是美国西点军校200年来奉行的最重要的行为准则。它强化的是每一位学员应想尽办法去完成任何一项任务，而不是为没有完成任务去寻找借口，哪怕看似合理的借口。西点人认为，世上没有什么不可能——“没有办法”或“不可能”只是庸人和懒人的托辞。在战场上，任何时候都可能变成生死关头，又怎么有时间再为自己寻找借口呢？

西点学员们并不见得有超凡的能力，但却有超凡的心态。他们能够积极主动地抓住并创造机遇，而不是一遇到困难就逃避退缩、为自己寻找借

口。如果他们总是为自己找借口的话，是不可能取得成功的。在困难面前，如果你找借口退缩的话，那么你就是个弱者。

西点军校著名的校友艾尔伯特·哈伯特说："年轻人所需要做的不只是学习书本上的知识，也不只是聆听他人种种的教导，而是要加强一种敬业精神，对上级委派的任务，立即采取行动，全心全意去完成任务。"

实际上，每个男孩都要做到不找借口、勇敢向前。不给自己找借口，就是不给自己留退路，让自己向着既定的目标，无畏地拼搏。西点学员深知人生并不是永远公平的，无论当你身处怎样的环境，都只能凭借毫不畏惧的决心，在有限的时间内完美地完成任务。

或许确实面临困难，并且这个困难是客观存在并不以人的意志为转移的，但是我们却可以通过自身的努力来克服它。我们并不能等所有的外部条件都完善了再开始着手做事，我们能做的唯有立刻行动，不找任何借口。

西点启示

借口永远是弱者的象征，也是弱者的挡箭牌。因此，当你发现自己正在寻找借口时，赶紧控制自己，"悬崖勒马"，将你的精力转到如何才能最好最快改变局势、解决困难上！

这一启示告诉男孩们，要做个成功的人，就必须要有成功的心态：不为自己找任何借口退缩，而是勇敢向前，做个如西点军人般的勇士！对此，你需要这样做。

1. 摆正态度，把责任放在第一位

的确，没有人愿意失败或者出错。一个对待工作不认真的人又怎么能够把工作完成得圆满出色呢？不管你做什么事，摆正态度，才能减少失败出现的可能。

2. 勇于承担后果

战场上不需要借口，人生的路上也不需要借口，任何的借口都只是自欺欺人而已。工作无借口，失败无借口，成功只属于那些勇往直前，不找任何借口的人！无论在什么样的工作岗位上，一旦出现失误，不要用借口来为自己开脱或搪塞，更不要把原因归咎于他人。不去找借口，而是积极寻找办法，才能促进个人的不断进步。

★借口都是废话，改进才是良方

大浪淘沙，百舸争流。面对竞争日益激烈的人生职场，好男儿如何才能把握先机，脱颖而出？世界首富比尔·盖茨说得好："人和人之间的区别，主要是脖子以上的区别——大脑决定一切。"思路和方法都是源自大脑，不过，大脑并不是自然而然就会产生解决问题的思路和方法的，关键是要靠我们的自发性和自主性，人们常说"聪明的人找方法，懒惰的人找借口""想办法才会有办法""聪明人更要下笨功夫""生气不如争气"等，可见，借口都是废话，改进才是良方。男孩们，你要明白，无论做什么事情，都要记住自己的责任，无论在什么样的工作岗位上，都要对自己的工作负责，不要用任何借口来为自己开脱或搪塞。

那些成功的西点人身上都有共同的热点，那就是对待生活和工作中的目标"没有任何借口"。而同时，他们善于发掘自身的能量与价值，并将这种内在的潜能充分运用到解决问题上。这是一种负责、敬业的精神，一种服从、诚实的态度，一种完美的执行能力。秉持着这一重要的行为准则，无论在什么岗位都表现出良好的团队精神、合作能力，强烈的责任心、荣誉感和纪律意识，他们自信、诚实、主动、敬业，从而成为可信赖和承担重任的人。

的确，如果你把精力都放在问题本身上，就很难发现解决问题的办法。而实际上，在困难面前，如果我们不找借口，而是挖掘如何解决问题的方法，你会发现人的潜能的确是无限的。美国富尔顿学院心理系的一个报告结尾中这样写道：编撰20世纪历史的时候，可以写上“我们最大的悲剧不是恐怖的地震，不是连年的战争，甚至不是原子弹投向广岛，而是千千万万的人活着然后死去，却从未意识到存在于他们身上的巨大潜能”。但前提是，在问题和困难面前，你要敢于正面迎击，而不是退缩。

其实，我们每个人都是可以雕琢成佛的佛石，但必须接受锤炼才能成功。如果你害怕痛苦而躲避的话，你最终的结果也可能如同那块被人踩在脚下的最初的大石。曾经有位成功人士讲述了自己的故事：

十多年前，他在一家建筑材料公司当业务员。当时公司最大的难题是讨账。产品不错，销路也不错，但产品销出去后，总是无法及时收到款。

有一位客户，买了公司10万元产品，但总是以各种理由迟迟不肯付款。公司派了三批人去讨账，都没能拿到货款。当时他刚到公司上班不久，就和另外一位姓张的员工一起，被派去讨账。他们软磨硬磨，想尽了办法。最后，客户终于同意给钱，叫他们过两天来拿。两天后他们赶去，对方给了一张10万元的现金支票。

他们高高兴兴地拿着支票到银行取钱，结果却被告知，账上只有99920元。很明显，对方又耍了个花招，他们给的是一张无法兑现的支票。第二天就要春节放假了，如果不及时拿到钱，不知又要拖延多久。

遇到这种情况，一般人可能一筹莫展了。但是他突然灵机一动，拿出100元钱，让同去的小张存到客户公司的账户里去。这一来，账户里就有了10万元。他立即将支票兑现。

当他带着这10万元回到公司时，董事长对他大加赞赏。之后，他在公司不断发展，五年之后当上了公司的副总经理，后来又当上了总经理。

这个精彩的讨账故事博得了大家阵阵热烈的掌声。大家都很钦佩他凡

事主动想办法的精神，而且一致认为：他能有今天的发展，与他这种精神密切相关。

的确，一个人只有坚持“不找借口找方法”的信念，才能对自己的事业有热情，不管遇到什么事，都能以办法代替借口。西点人把信念比作生命航船的舵，而热情则是促使船全力前行的帆。从西点军校走出来的每一个学员都认为，对军队、对职责的热情促使他们在战场上克敌制胜，而一旦缺乏热情，就等于失去了信心，那结果就只能失败。

而生活中，困难很容易成为一些男孩懒惰、放弃、改变目标的借口，一段时间后，他们又常常自责。这种消极情绪一旦持续影响你，就会限制你能力的发展。

西点启示

任何成功者都不是天生的，成功的前提条件是开发了人无穷无尽的潜能。只要你抱着积极的心态去开发你的潜能，你的能力就会越来越强，就能克服工作中的难题。相反，如果你抱着消极的心态，不去开发自己的潜能，而是找借口，那么你只有叹息命运不公，并且越来越退步！

这一启示告诉男孩们，成功的过程很简单，只为成功找方法，不为失败找借口，勇于面对困难，认真分析研究，坚韧不拔，变换思维，向细节要创意，把困难当机遇，变压力为动力，那么成功指日可待。

1. 克服懒惰，选择行动

一个人之所以懒惰，并不是能力不足和信心缺失，而是在于平时养成了轻视工作、马虎拖延的习惯，以及对工作敷衍塞责的态度。要想克服懒惰，必须要改变态度，以诚实的态度，负责、敬业的精神，积极、扎实的努力行动起来，才能做好工作。

2. 端正态度,直面责任

积极高昂的态度能使你集中精力完成自己想要的东西。在工作中,你应始终保持平常心态,在任何时候都将工作和责任捆绑在一起。工作越多,责任越大,要敢于负责。

3. 不找借口,立即行动

工作的最终目的就是把工作做好,在相应的时间里实现最大的效益,任何借口和拖延都将成为工作的敌人。工作的选择、工作的态度、工作的热情都建立在立即行动和立即执行上,只有行动才会让这一切变成现实。

★ 立即行动,下一刻也许就是成功

生活中有很多人想成功,但只愿意做很少的努力。而那些成功者之所以会成功,是因为他们即使害怕也会行动,而大多数人正是因害怕而没有作为。美国出类拔萃的商业家约翰·沃纳梅克这样说过:“没有什么东西你是想得到就能得到的。”成功的人与那些蹉跎人生的人的最大区别就是——行动!如果你能追寻那些成功人士的奋斗之路,你就会感叹:“难怪他会做得这么好!”何种行动能获得最大的成功呢?就是马上行动!生活中的男孩们,你不要再感叹时光荏苒了,从现在起立即行动吧,下一刻也许就是成功!成功的西点人正是这样做的。

西点人认为:扭转人生的第一步就在于抛却一切负面、消极的想法,放眼于现在,着眼于未来,从迈出一小步开始,然后再尝试迈出大的步子,这样你将发现许多能使你变得更好的方法。

作为一名西点学员,要完成自己的任务就必须具有强有力的执行力。接受了任务就意味着做出了承诺,而完成不了任务是不应该找任何借口的。

可以说，不找任何借口是一种很重要的思想，体现了一个人对自己的职责和使命的态度。思想影响态度，态度影响行动，一个不找任何借口的西点学员肯定是一个执行力很强的学员。

现代社会，无论是职场还是商场，其竞争的激烈程度恰如战场，每一个渴望成功的男孩都应该牢牢地记住，执行是最重要的，执行力就是竞争力。成败的关键在于执行。执行力如何，决定了上司是否重用你、是否给你发展的机会，决定了你能否勇敢面对强有力的竞争对手等。

美国钢铁大王安德鲁·卡内基在年轻时代，曾担任过铁路公司的电报员。有次在假日期间，轮到卡内基值班，电报机滴滴答答传来一通紧急电报，内容令卡内基几乎由椅子上跳了起来。紧急电报通知，在附近铁路上有一列货车车头出轨，要求上级照会各班列车改换轨道，以免发生追撞的惨剧。

当天是假日，卡内基怎样也寻找不到可以下达命令的上司，眼看时间一分一秒地过去，而一班载满乘客的列车正急速驶向出事地点。

卡内基不得已，只好敲下发报键，冒充上司的名义下达命令给班车的司机，调度他们立即改换轨道，避开了一场可能造成多人伤亡的意外事件。

按当时铁路公司的规定，电报员擅自冒用上级名义发报，处分是立即革职。卡内基十分清楚这项规定，于是在隔日上班时，将辞呈放在上司的桌上。

上司将卡内基叫到办公室，当着卡内基的面将辞呈撕毁，拍拍卡内基的肩头："你做得很好，我要你留下来继续工作。记住，这世上有两种人永远在原地踏步：一种是不肯听命行事的人；另一种则是只听命行事的人。幸好你不是这两种人的其中一种。"

卡内基之所以成功，是因为他有成功者的品质。成功者之所以能够成功，取决于他愿意去做一些失败者所不愿意做的事。失败者之所以会失败，在于他一直在做成功者所不愿意做的事。可见，是否敢做、是否愿意做就决

定了一个人能否成功。

男孩们，可能你知道，每一个工作，不论是经营事业、高级推销工作或在科学、军事、政府机关工作，都需要脚踏实地的人来做。主管在聘用重要职位的人时，都会先考虑下面这些问题，然后才决定是否聘用。这些问题有："他愿不愿意做？""他会不会坚持到底把事情做完？""他能不能独当一面，自己设法解决困难？""他是不是有始无终，光说不做的那一种人？"

这些问题都有一个共同的特点，就是设法了解那个人是不是能够"说做就做"，也就是有无执行力。再好的新构想也会有缺陷。即使是很普通的计划，如果确实执行并且继续发展，都比半途而废的好计划要好。因为前者才会贯彻始终，后者却前功尽弃。

有人说世界上的人分别属于两种类型。成功的人都很主动，我们叫他"积极主动的人"；那些庸庸碌碌的人都很被动，我们叫他"被动的人"。仔细研究这两种人的行为，可以找出一个成功原理：积极主动的人都是不断做事的人，他真的去做，直到完成为止。被动的人都是不做事的人，他会找借口拖延，直到最后证明这件事"不应该做""没有能力去做"，或者"已经来不及了"。

每天都有人把自己辛苦得来的新构想取消或埋葬掉，因为他们不敢执行。过了一段时间以后，这些构想又会回来折磨他们。男孩们，如果你不想让自己成为这些人中的一员，就从现在开始行动吧！

西点启示

世间的事情没有哪一件是绝对完美的，如果要等所有条件都具备以后才去做，只能永远等待下去了。如果一个人一直在想而不去做的话，根本成不了事。

那么，男孩们，从现在起，请记住下面两种想法。

1. 切实执行你的创意，以便发挥它的价值

不管创意有多好，除非真正身体力行，否则永远没有收获。

2. 执行时心态要平和

有人说天下最悲哀的一句话就是：我当时真应该那么做却没有那么做。每天都可以听到有人说“如果我在那时开始做那笔生意，早就发财了！”或者“我早就料到了，我好后悔当时没有做！”一个好创意如果没有能付诸实践，真的会叫人叹息不已，感到遗憾，如果真的彻底施行，当然也会带来无限的满足。请用一颗平常心来看待得失，静下心来脚踏实地做事情，这样才能将事情做好。

★懂得理性服从才能高效执行

任何一个成功的人，都有一个共同的特点，那就是不墨守成规，有自己的思想和行为准则，即使在外界条件要求绝对服从和执行的情况下，他们也能用理性指导行动。

当今社会，任何一个现代化的企业都需要一套严格的制度，因为一个高效的公司必须有良好的运行机制。在公司制度下，员工必须服从，并且服从观念是深入人心的。也就是说，男孩们，如果你想成为一个成功的、优秀的职场和商场人士，你就必须有服从意识，就像西点军校中的学员一样。一个团队，如果成员不能无条件地服从，那么在达成共同目标前则可能遇到障碍；反之，成员发挥出超强的执行能力，就能使团队胜人一筹。但任何服从都不是盲目的，因为如果上司的指令是错误的，那么你的服从就可能导致整个任务的失败，甚至会给整个团队带来损失。

作为一名西点学员，要完成自己的任务就必须具有强有力的执行力，就

必须“服从”，当然，西点军校提出的“服从”，绝不仅仅是指“听话”，也不单单是指机械地遵照上级的指示。

如果说“不想当将军的士兵不是好士兵”，那么不能自觉遵守组织规定的士兵是不可能成为将军的。所以，服从不是口头上的，而是心里认同的，是体现在行动中的。说起“服从”似乎只能想到是军人的天职。其实不然，我们每个人的学习、工作和生活都离不开它。

在部队中有这样一句话：要想干得好，班长得汇报；班长不汇报，连长咋知道？这很好地说明了尊重上级、服从命令是组织中成员要学习的第一课。

但现实生活中总有一些男孩，一腔热血，一心想成功，在面对上司错误的指令时，以为指出来就能证明自己的实力，但实际上，这种不服从也是不理性的。不只年轻的男孩，一些社会阅历丰富的人士也难逃不懂得如何服从而导致失败的命运。

当然，我们说的服从并不是盲从，只有理性的服从，我们内心才有可能不会因为意外的变数而违背自己之前做出的承诺，也才能避免对事务的拖延；只有理性的服从，才能保证确实有效的行动，才不会让努力付之东流。

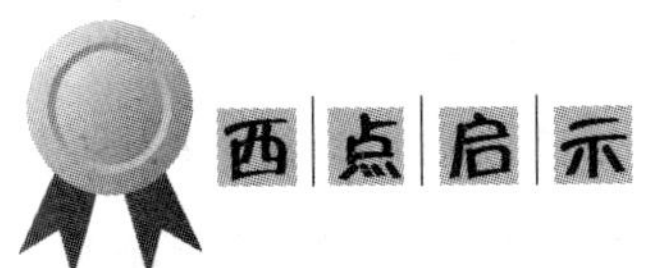

西点启示

“服从”是人生一门必修课。人若有了这样的认识，成长的路上也会少些弯路，求学之旅也会更加坦荡。只有这样，离成功才可能越来越近。

这一启示告诉男孩，即使是服从也有很多需要注意的地方。理性地服从，还应该记住的是：学会微笑着拒绝。

无论你现在从事什么工作，你都可以大胆地说出你的想法，让你的上司明白，作为下属的你不是在刻板地执行他的命令。你一直都在斟酌考虑，考

虑怎样做才能更好地维护公司的利益和职工的利益。但是，即使你在公司的职位很高，但只要你身为公司的员工，就要谨记一点：你是来协助上司执行决策的，你并不是制定决策的人。所以，上司的决定，哪怕不尽如你意，甚至与你的意见完全相反，你也不能全然反驳，而应微笑地拒绝。

在拒绝的时候，你应该考虑的问题是：用什么方式拒绝才能够维持更好的关系，才能够建立未来继续合作的基础。如此一来，我们就会让对方觉得我们不是在拒绝服从，不是在推卸责任，而是真的想解决问题。

★拖延会拖垮你的一生

成功人士的优秀品质有很多，而做事绝不拖延肯定是他们均具有的品质之一。绝不拖延首先是一个态度问题，只要你坚持采用这种态度，久而久之就形成了一种习惯，最后这种习惯会融入你的生命，成为你展现个人魅力的优秀品质。每天进步一点点，持之以恒，水滴石穿，你也必将能成就自我。而每天拖延一点点，你的惰性会越来越大，长久下去，你将跌入万劫不复的深渊。生活中的每个男孩都要养成立即执行的习惯，拒绝拖延的行为习惯。在这一点上，每个西点人都可以成为你的榜样。

试想，在战场上，两军对垒，形势危急，一触即发，这时候你能拖延吗？时间就是生命！你的一点点拖延很可能造成数百名战士伤亡，战局失利，其损失是不可估量的。

西点十分强调行动的作用。停留在想法的阶段永远不可能有所收获，只有立即行动才能获得成功。1973年，布雷德利获得塞耶奖时发表演讲，就反复要求西点学员要学会实在地行动，决不迟到、决不拖延。

优秀的西点人不会给自己找任何借口和推卸责任的理由，因为他们知

道上司要的是结果，而不是你再三解释的原因。在西点，没有服从就没有执行，所有团队运作的前提条件就是服从。

生活中的男孩们也要和西点军人一样，做到坚决、无条件地执行。而无论在什么情况下，拖延只会导致失败。

在考场上，面对题目繁杂的试卷，你能够拖延吗？时间就是分数！你的拖延很可能使自己无法按时答完试卷。慌忙之中，你乱了阵脚，看错题，来不及做题，思路混乱，不能发挥自己的正常水平。

在职场上，面对一项富有挑战的工作，你能够拖延吗？时间就是机遇！你的一点点拖延可能会耽误整个公司的流程，丧失最佳竞争时机，而你也失去了成功的机遇。

在商场上，买卖双方谈判一宗上千万元的大生意。这时候你能拖延吗？时间就是金钱！你的一点点拖延都会让对方产生不信任之感，犹豫之中，你赚钱的机会就在不经意间溜走。

由此可见，拖延的坏习惯是绝对要不得的！而实际上，生活中还是有那么多的人在浪费着自己的生命。伍迪·艾伦说过："生活中90%的时间只是在混日子。大多数人的生活层次只停留在为吃饭而吃，为搭公车而搭，为工作而工作，为回家而回家。他们从一个地方逛到另一个地方，使本来应该尽快做的事情一拖再拖。"的确，在我们周围，也包括我们自己，在做事的过程中，因各种事由造成拖延的消极心态就像瘟疫一样毒害着我们的灵魂，影响和消磨着我们的意志和进取心，阻碍了我们正常潜能的挖掘，到头来一事无成。

无数事实证明，如果你想成功或实现你的理想，最好的办法是：播下一种行动，你将收获一种习惯；播下一种习惯，你将收获一种性格；播下一种性格，你将收获一种成功。建功立业的秘诀就是：绝不拖延，立即行动！光"说"不"练"肯定不行，这就要求我们平时就要养成立即行动的习惯。一旦发生了紧急情况，或者当机会来临时，能作出强有力的反应。同时，当我们

对事情有种想法时，一定要设定完成的期限，并告诫自己期限是无法变更的，这样一来，你就没有再拖延的借口。

拖延是一种习惯，立即行动也是一种习惯，坏习惯一定要由好习惯来代替。如果事情迟早要做，为什么要等一下再做？也许等一下就会付出更大的代价。男孩们，在日常生活中，你是不是最喜欢拖延呢？现在就要下决心将它改变。不管你现在要做什么事，请你不要拖延，立即行动。这样就能变被动为主动，抓住机会，把事情做得更好。

西点启示

说一尺不如行一寸。只有行动才能缩短自己与目标之间的距离，只有行动才能把理想变为现实。行动是治愈恐惧的良药，而犹豫、拖延将不断滋养恐惧。成功的人都把少说话、多做事奉为行动的准则，通过脚踏实地的行动达成内心的愿望。

这一启示告诉男孩们，在任何一个领域里，不努力去做的人就不会获得成功。世上没有任何事情比下决心、立即行动更为重要，更有效果。因为人的一生可以有所作为的时机也许只有一次，那就是现在。现在就应该去执行，只有行动才会产生结果。对此，你需要这样做。

1. 给自己树立一个目标

你是否听说过“尼加拉瀑布现象”？如果将人生比作一条大河的话，当今社会中的大多数人都没有思索自己的去向便跳进这条河里。他们随波逐流，当来到岔路口时，他们仍然没有决定要去哪里，也没有为自己准备好行程，只是继续随着水流一路漂去。就这样浑浑噩噩地不知漂了多久。

没有目标的人就像一只无头的苍蝇，这也是导致拖延的根本原因。而一个有目标的人永远不会担心在浪费时间，因为他会为自己的目标而努力

奋斗。当然,这一目标必须具备可实施性,否则,一旦目标是空洞的,你会陷入一种更为严重的焦虑之中。

2. 快乐痛苦法

生活中有太多的故事都揭示了拖延像癌细胞一样逐步吞噬理想。你每次拖延所产生的负面能量会一点一滴地积累起来,最后它会以水滴石穿般的威力严重影响你的自信、自尊、自爱,最终使你彻底崩溃。当然,这一危险意识是需要你自己去感悟的。你也需要从另一面来感悟立即行动带来的快乐。

方法只是一种帮助你消除拖延的辅助手段,最主要的还是取决于你的思想和态度。你要端正态度,做事绝不拖延,逐渐消除拖延习惯。选择权掌握在你手中,请立即行动吧!

★宁可留下遗憾,不因拖延留下空白

在每个人生命的长河里,都泛着分分秒秒光阴的波浪,它们稍纵即逝,却又“法力无边”,能把你推向成功的彼岸,也会引你触礁覆没在险滩。时间中唯有“现在”最宝贵,抓住了“现在”,亦即抓住了时间,成功就会向你招手。而“拖延”却是影响你抓住“现在”的最大障碍,就像你成功航线上的礁石。我们都知道一个浅显的道理,成功不是将来才有的,而是从决定去做的那一刻起持续累积而成。我们只要相信自己,从现在起,立即行动,我们平凡的脚步就可以走完人生这一伟大的行程。生活中的男孩们也要知晓这个道理,并从现在开始,着手做自己想要计划做的事情。机遇要时时把握,积极参与才会取得别样的人生舞台。这正是西点军人无论在什么行业都能取得骄人的成绩的原因。

列队是西点的必修课,可以称之为点名的简单操练。从排长开始一级级向上汇报到队学员的数目。当然,列队的意义远不止此。学员们以此种方式聚在这里,200 年来天天如此。

解散令下,学员们开始列队前进。队列看上去是编排好的,学员们分 12 列从各个方向整齐地快步走出操场。几分钟后操场上空无一人。数千学员消失无踪,操场上一片寂静。你也许会认为,这是一次极不可思议的操练,是一件奇特而美好的事情。

男孩们,你也要以西点军人的作风为榜样,在追求成功的路途上,不要让你的梦想只停留在做梦的阶段,要付诸实践之中。毕竟行动是成功的阶梯,行动越早,登得越高,而不应一遇到挫折就灰心丧气,要积极行动克服障碍,走向成功。

传说有一种小鸟,叫寒号鸟。这种鸟与众鸟不同,它长着四只脚,两只光秃秃的肉翅膀,不会像一般的鸟那样飞行。夏天的时候,寒号鸟全身长满了绚丽的羽毛,样了十分美丽。寒号鸟骄傲得不得了,觉得自己是天底下最漂亮的鸟了,连凤凰也不能同自己相比。于是它整天摇晃着羽毛,到处走来走去,还洋洋得意地唱着:“凤凰不如我! 凤凰不如我!”

夏天过去了,秋天到来,鸟们都各自忙开了,它们有的开始结伴飞到南边,准备在那里度过温暖的冬天;有的留下来,就整天辛勤忙碌,积聚食物,修理窝巢,做好过冬的准备工作。只有寒号鸟,既没有飞到南方去的本领,又不愿辛勤劳动,仍然是整日东游西逛,还在一个劲地到处炫耀自己身上漂亮的羽毛。

冬天来了,天气寒冷极了,鸟们都回到自己温暖的窝巢里。这时的寒号鸟,身上漂亮的羽毛都脱落光了。夜间,它躲在石缝里,冻得浑身直哆嗦,它不停地叫着:“好冷啊,好冷啊,等到天亮了就搭个窝啊!”等到天亮后,太阳出来了,温暖的阳光一照,寒号鸟又忘记了夜晚的寒冷,于是它又不停地唱着:“得过且过! 得过且过! 太阳下面暖和! 太阳下面暖和!”

寒号鸟就这样一天天地混着,过一天是一天,一直没能给自己造个窝。最后,它没能度过寒冷的冬天,冻死在岩石缝里了。

这个寓言故事说明了拖延就是对我们宝贵生命的一种无端浪费。鲁迅说过:"伟大的事业同辛勤的劳动成正比,有一分劳动就有一分收获,日积月累,从少到多,奇迹就会出现。"勤奋源于执著,永不放弃,永不松懈。假如你渴望成功,那就抓住今天,立即行动!清朝人文嘉也曾写过《今日歌》:今日复今日,今日何其少,今日又不为,此事何时了?人生百年几今日,今日不为真可惜!若言姑待明朝至,明朝还有明朝事。为君聊赋《今日诗》,努力请从今日始"。人生中没有比今天更重要的日子,生活在今天,做好今天的事,抓住现在,你就离成功进了一步。

翻阅历史,所有伟大人物的历史都是一部和时间赛跑的历史。马克思说:"我不得不利用我还能工作的每时每刻来完成我的著作。"他的头脑就像停在军港里待发的一艘军舰,准备一接到命令就开向思想的海洋。

西点启示

我们要想有所成就,就必须要把拖延这一恶习连根拔除。那种应该在今天完成的工作拖延到明天再做的习惯,正在一点一点地吞噬你的生命。如果你不把这一习惯铲除,你要取得成就是十分困难的。

这一启示告诉每个男孩应抓住时间,从现在开始克服拖延的习惯。那么,该怎样克服呢?以下几点可供我们参考。

1. 承认自己有拖延的习惯,并愿意克服它

这是解决问题的前提。只有正视问题才能解决问题。

2. 分析造成拖延的原因

害怕失败而迟迟不敢动手,这是爱拖延的一大原因。如果是这个原因,克服的方法是强迫自己做,假想我这事就非做不可,这样你就会惊讶事情竟然做好了。

3. 严格要求自己,不断磨练毅力

意志薄弱的人常爱拖延。磨炼意志力不妨从简单的事情做起,每天坚持做一件简单的事,并且按时完成,不给拖延留下借口。

4. 严格按计划办事,严防掉进借口的陷阱

"时间还早""现在做已经太迟了""准备工作还没有做好""这件事做完了又会给我其他的事"等,这些都不足以成为拖延的借口,有计划就要按照计划执行。

5. 避免半途而废

做了一半就停下来很容易让人对事情产生厌烦感。应该做到告一段落再停下来,这会给你带来一定的成就感,提高你对事情的兴趣。

★高效率地做事,拓展人生的广度

生活中,我们总是能遇到这样一些事:考试成绩不理想,会有试题太难、身体不舒服的借口;约会迟到了,会有"路上堵车""手表停了"或者"家务事太多"的借口;销量不及格,会有"市场不景气"" 产品质量不好""广告投入太少"的借口。只要细心去找,借口总会有的。他们总是不想方设法去争取成功,提高做事效率,而是把大量的时间和精力放在寻找一个更合适的借口上。事实上,很多初入社会的男孩们也有如此弊病。如果你细心一点,你会发现,成功的人都有个共同的特点,那就是他们总是少说话、多做事,做事效

率很高，也就是他们具有很强的执行力。一个人缺乏执行力，就不会有高效率，就赶不上竞争对手，就会被淘汰出局。高效的执行力正是西点军校学员必须具备的能力。

新学员从在西点军校门口走下公共汽车的那一刻起，他便告别平民生活世界，准备服从军校的命令。即刻服从命令是人们对西点军人普遍的印象，这是真实的。每位学员都会立即接受命令，并着手找出执行该命令的办法，这一过程需要学员们自发培养处理问题的能力。不同的命令要用不同的方法来执行，命令本身不会告诉你应该怎样做，而仅仅是“你必须完成它”。

学员训练由高年级的学员主持，所进行的每一项活动都是经过精心策划的，不允许新学员在时间上有一分一秒的误差。西点每年录取1400多名新学员，在报到之后，他们对自己的时间就完全失去支配的权利了。高年级的学员在做过简短的说明之后，立即分配一连串的任务，而且必须在规定的时间内完成。要完成这些任务，新学员根本就没有喘息的机会，没有任何时间思考他们身在何处，要到哪里去。毕业于西点军校的艾森豪威尔将军，在回忆起他刚入学时的情景说：“我想如果容许我们有时间可以坐下来想一想，大部分的学员可能都会搭下一班的火车离开这里！”

西点军官不论其级别高低，都要服从上级的命令，因此管理艺术是发出命令与执行命令的一个奇妙的混合物。“在你能够管理之前，你应该学会怎样去服从。”西点基地士官学院院长理查德·A·霍金斯上校解释说，“这听起来可能有些奇怪，但是一名忠实的服从者会成为一名出色的管理者。”

这种高效的服从执行力，正是每个西点军人日后从事各行各业都能一展实力的原因。俗话说：“七分努力，三分机遇。”我们一直相信“爱拼才会赢”，但偏偏有些人累死累活地干了一辈子，也不能出人头地，他们之中不乏精湛的技术、很强的个人能力，但是他们却不具备这种执行力，他们没有找到正确执行的方法。

有两个和尚，分别住在相邻的两座山上的庙里。两山之间有一条小溪，每天太阳升起的时候，两个和尚都会准时下山到溪边挑水。就这样，日复一日，时间在挑水中不知不觉已过去了五年。

突然有一天，东边这座山的和尚没有下山挑水，又过了几天，仍然没有下山挑水。西边这座山的和尚心想："我的朋友大概生病了。我要过去探望他，看看能帮他做点什么。"

于是，西边这座山的和尚爬上了对面那座山。当看到自己的朋友时，他不禁大吃一惊，因为自己的朋友正在庙前指导众人打太极拳，神采奕奕，精神焕发，根本不可能是个病人。

他好奇地问："你已经好几天没有下山挑水了，难道你们不喝水吗？"

东边这座山的和尚说："来来来，我带你去看看。"

随即便带着东边那座山的和尚走到了庙的后院，指着一口井说："这五年来，我每天挑完水、做完分内的工作后，都会抽空挖这口井。即使有时很忙，也能挖多少算多少。最后终于挖出了水。从那以后，我就不必再下山挑水了，也就可以有更多时间钻研喜爱的太极拳了。"

这位懂得挖井的和尚就是个智者，他不仅挖出了井，让自己不用再费力挑水，还能抽出时间钻研自己喜爱的太极拳。这个故事同样告诉生活中的男孩们，高效率地做事就要懂得用脑。

西点启示

人生苦短，在这有限的时间内，如何使自己的人生走向辉煌呢？我们无法延长时间，但我们可以提高效率。

那么，男孩们，你该怎样高效地做事呢？你需要做到以下几点。

1. 你的人生要有一个明确的目标

有些人没有目标,整天糊涂度日,一生忙碌,但到头来一事无成,默默终生。人生不在于时间的长短,而在于生活质量的高低,如果你不甘平庸,就从现在开始,为自己制订一个明确的目标,并为之努力吧!

2. 制订切实可行的计划,逐步达到目标

你若想成功,就要做到:一旦有了目标,就想方设法,积极行动,为早日实现自己的目标而奋斗。

3. 珍惜时间

一个人要想有所成就,就应当重视合理地安排时间,最大限度地提高时间的利用率。在成功的诸多因素中,天资、机遇、健康等都重要,但把所有有利条件发挥出来的决定性因素是利用好每一分每一秒的时间。

★想得到,更要做得到

生活中,我们常常说“没有做不到,只有想不到”。但真的是这样的吗?小时候,我们都有自己的梦想——我想做航海家,我想当作家,我想……无数个“我想”始终萦绕在我们心头。而现在呢?你的梦想实现了吗?大多数人的回答是否定的,为什么会导致这样的结果呢?不是因为你没有想到,而是因为你没有做到。生活中的男孩们,你何尝不是如此呢?杰克·韦尔奇曾如此说道:如果你有一个梦想,或者决定做一件事,那么,就立刻行动起来;如果你只想不做,是不会有所收获的,而你也只会落得失望的结果。

“无条件执行”是每个西点学员需要执行的准则。在西点,根本就不存在高不可攀的目标。每个学员都要面对这个目标认真想一想,想一想实现目标的重要性,想一想这些目标可能对终生带来的利益。西点对个人品质的要求很高,它要求学员能够严于律己、认清正确的道路,并沿着它走下去。

他们在做出决定或选择前，首先要搜集和分析各种事实，使自己的行为变得公正合理，甚至被人视为典范。他们做出的任何决定都应当客观公正，不从个人好恶出发，不图私利，不掺杂情感因素。如果犯了错误，他们勇于正视，主动承担责任，从不推诿。一句话，西点学员办事应当光明磊落，问心无愧。

个人品德之外，是行为品德要求。它是指在力所能及的情况下，尽最大的努力去完成任务，这是锻造个人形象的现实条件。西点人认为，和其他行业一样，军事活动中的某些任务可能更有趣、更令人感到愉快或危险。一个人不管受领什么任务、选择什么工作，都要十分清楚，你的形象是通过你的行为建立起来的。如果你想树立完美的形象，你就必须圆满完成每项任务，高效优质地做好每项工作，这是塑造个人形象的根本方法。

西点人的成功告诉我们两点：首先我们要敢想敢做，没有无法实现的目标；再者，任何想法的实现都需要深思熟虑，在搜集和认清事实的情况下所做的决定和行为才更具客观性。

男孩们，无论你现在从事什么职业、境况如何，你都需要提高自己的执行力。无论你做什么，都必须尽快见效。你极可能有一天被迫做出生死攸关的决定，这就需要你能够果断地做出判断。

有一个穷和尚和一个富和尚都住在一个偏远的地方。有一天，穷和尚对富和尚说："我想到南海去，您看怎么样?"富和尚说："你凭什么去呢?"穷和尚说："一个水瓶，一个饭钵就足够了。"富和尚说："我多年来就想租船沿长江南下，现在还没做到呢。你凭什么走?"第二年，穷和尚从南海归来，把去南海的事告诉了富和尚，富和尚深感惭愧。

人生目标确定容易实现难，但如果不去行动，那么连实现的可能性也不会有。没有行动的人只是在做白日梦，所以心动不如行动，勇于迈出行动的第一步，你成功的机会就会提高，而光想不做，那你将永远没有实现计划的可能。

多年前，有一位穷苦的牧羊人领着两个年幼的儿子以替别人放羊来维

持生活。一天他们赶着羊来到一个山坡，这时，一群大雁鸣叫着从他们头顶飞过，并很快消失在远处。牧羊人的小儿子问父亲："爸爸，爸爸，大雁要往哪里飞？""他们要去一个温暖的地方，在那里安家，度过寒冷的冬天。"牧羊人说。大儿子眨着眼睛羡慕地说："要是我们也能像大雁那样飞起来就好了，那我就要飞得比大雁还要高，去天堂，看妈妈是不是在那里。"小儿子也对父亲说："做个会飞的大雁多好啊，那样就不用放羊了，可以飞到自己想去的地方。"

牧羊人沉默了一下，然后对两个儿子说："只要你们想，你们也能飞起来。"两个儿子试了试，并没有飞起来。他们用怀疑的眼神瞅着父亲。牧羊人说："让我飞给你们看。"于是他"飞"了两下，也没飞起来。牧羊人肯定地说："我是因为年纪大了才飞不起来，你们还小，只要不断地努力，就一定能飞起来，去想去的地方。"儿子们牢牢地记住了父亲的话，并一直不断地努力，等到他们长大以后果然"飞"起来了，他们发明了飞机，他们就是美国的莱特兄弟。

这个真实的故事再次使我们坚信：一个人的内心中如果蕴涵着一个信念，并坚持不懈地为之努力，那么他一定会是一位成功的人。人生就有许多这样的奇迹，看似比登天还难的事，有时轻而易举就可以做到，其中的差别就在于非凡的信念。

一百次的心动如果没有一次行动，那就是一百次的失望，失望的情绪存在于很多人身上。一百次的心动不如一次行动，. 男孩们，很多事情，既然已经想到了，为什么不去行动呢？"想到"和"做到"仅仅是一字之差，可是效果却大相径庭。很多人以为"想到"和"做到"近在咫尺，而不去做的结果只会给他们带来巨大的失望。你可能有过失败的经历，你可以静下心来仔细地分析一下你失败的原因，有多少次是因为你有了美好的想法，却被人捷足先登？又有多少次是你的想法在前，可是却因为行动没有坚持下来而以夭折告终？

千里之行，始于足下；不积跬步，无以至千里；不积小流，无以成江海。

凡事要想做大，都得从小处做起，从眼前最基本的事情做起。如果一个人心里有远大的理想，却不愿意一步一步去努力，那他永远也不会有美梦成真的那一天。

这一启示告诉男孩们，心动不如行动，从现在开始，实践你的想法吧。为此，你需要这样做。

1. 遵从内心的热情

如果你热爱什么，就大胆地去做吧。比如，在学习上，选择对你有意义并且能让你快乐的课，不要只是为了轻松地拿一个 A 而选课，或选你朋友上的课，或是别人认为你应该上的课。

2. 经历失败

成功没有捷径，历史上有成就的人总是敢于行动，也会经常失败。不要让对失败的恐惧绊住你尝试新事物的脚步。

3. 勇敢

勇气并不是不恐惧，而是心怀恐惧，仍依然向前行。

第7章

自制守纪，好男儿刚正不阿勇担责任

——像西点军人一样严于律己，使命必达

怎样才算是一个真正的男子汉？人们的回答一般都是：勇敢、自制、有责任感、有原则等。西点人正是这么做的，他们不仅把“责任、荣誉、国家”这三个词挂在大厅里，刻在校徽上，更主要的是流淌在他们的血液里。1915年西点军校毕业生、美国陆军五星上将欧玛·纳尔逊·布莱德雷说过：“一个能自制的思想是自由的思想，自由便是力量！有时，为了获得真正的自由，必须暂时尽力约束自己。”的确，人们常说“没有规矩，不成方圆”，为此，你需要收敛自己所谓的个性，自觉守纪以适应集体与社会。但要想做一个成功的男子汉，你还需要担起责任，家庭、集体、社会、国家的责任。具备这些品质，就是一个成功的人，是一个好男儿！

★保持清醒与理智，让每一步走得更稳

生活中，我们会发现这样一个现象：交通事故的肇事司机不都是新手，而是技术熟练者；工作上出现纰漏的人也绝非都是经验尚浅的人，而是那些自恃资深的老手。这说明了这样一个道理：人们在成绩面前容易自我膨胀，飘飘然，以为自己很了不起，放松了要求，结果祸由骄傲生！的确，任何时候，如果有了一点成绩就无法保持思想上的清醒，骄傲自满，就会导致工作上的失败，导致事故的发生。男孩们，年纪轻轻的你在事业上只要敢闯、有冲劲儿，很容易取得一些成就。但在成就面前，你要记住，无论过去有何等荣誉，都已经成为过去，你现在要做的就是保持清醒的头脑，看清形势并放眼未来，这样你才会稳扎稳打，走好人生的每一步。

西点军校素有“美国将军的摇篮”之称。许多美军名将如格兰特、罗伯特·李、艾森豪威尔、巴顿、麦克阿瑟、布莱德利等均是该校的毕业生。西点之所以培养出如此众多的将军，与其严厉的惩罚制度是分不开的，也正是这一点让西点的每个学员都保持着清醒的头脑。

强化责任最直接的方式是强化纪律观念，通过提高对纪律的认识、理解和遵守执行，加深对责任的领悟和明确。西点纪律的严格人所共知，而且处罚甚多。正如学员们必须遵守的规章制度没完没了一样，发布处分的特别命令也是没完没了。警钟长鸣，红灯频闪，每个学员都在紧张的气氛中完成学业。如若不然，想挑战规章的权威，结果便十分不妙。

从一般意义上说，西点的做法未免苛刻，未免不近人情，未免不可理喻，但西点是“金字招牌”，容不得一点污迹。每个西点人都必须以发扬光大西

点为己任，如果在军校学习期间不能固守这种观念，走向军事生活后就缺乏坚定的理性基础，就难成为对部属、对军队，乃至对国家负责的军人。

同样，生活中的男孩们，在各种社会大潮的冲击下，你也需要保持清醒的头脑。不要丧失自己做人的原则。在成就面前，不要利令智昏，不要让虚荣心钻了空子。你需要记住的是，过去的已经过去，未来还未到来，今天的路需要你走稳。

有一个国王，他统治着富足而强盛的王国，生活非常快乐。但是有一天他觉得很惶恐，于是召集王宫中的智者说："我很想找到一个钟，用来使我安定。当我不快乐时看它，它会使我快乐，在我快乐时看它，它会使我忧愁。"智者绞尽脑汁终于设计出一个钟，上面刻着一句话："这，也将成为过去。"

这则寓言故事告诉男孩们：世上的事，无论快乐还是忧伤，都将成为过去！明白了其中的道理，就能够控制好自己的情绪，能够将快乐和忧伤两种完全不同的情绪在心中自由转换，始终保持理智清醒的状态。

保持理智与清醒，才能做到成绩面前不骄躁；保持理智与清醒，才能做到挫折面前不气馁。对待挫折，一般有两种截然不同的态度。一种是破罐子破摔，一种是总结教训不再犯同样的错误。我们要的是第二种态度。工作中难免会发生一些失误，甚至发生事故。如果在发生问题后一蹶不振，一味自怨自艾，或把问题的责任全归结为他人和客观因素，那么就不可能吸取教训，就不可能从失败的阴影中走出来，最终只会继续犯同样的错误。因此，要保持理智与清醒，正确看待问题，正确分析发生问题的原因，尤其是要主动地、积极地检讨反省自己的过失，进而改正错误，使自己的工作重新回到正常的轨道上来。

取得了成绩也好，出现失误也罢，这都会成为过去。我们要从那句铭刻在钟上的话中获得启示，对已经发生的事情保持理智与清醒。成绩面前不盲目自大，事故面前不怨天尤人，始终保持良好的心态做好正在做的事。

一个人的意念可以控制调节一个人的心理状态。自制力在很大程度上就表现为对意念的控制,其中就包括保持清醒的头脑与理智。

对此,男孩们需要掌握两种训练方法。

1. 自我暗示

积极的自我暗示的作用在于使自己获得信心,进而提高自制力。但是,消极的自我暗示却正好相反。在你从事紧张活动之前,使自己进入安静舒适、松弛的状态,然后反复默念一些能够建立信心、给人力量的话,这样做是会有作用的。

2. 自我激励

无论干什么,都需要靠自觉。自觉往往指的是自己获得一种动力去积极行动。怎样才能获得一种动力去积极行动呢?这就要学会自我激励。自我激励即给自己提出任务、自己奖励自己、自己命令自己、自己做自己的司令员。自我激励的方式有以下四种。

①制订切实可行的计划。安排好必须做好与可做可不做的事情,然后给自己作出奖惩规定。

②写出座右铭,时时勉励自己。

③ 常写日记,在日记中进行自我监督与自我鼓励。

④口头命令。每当遇到困境、身临危急之时,要学会自己指挥自己。给自己下达口头命令可以获得精神力量,不妨训练一下,定会有益。

★遵守纪律，做有原则的刚正之人

生活中，人们常说“做人做事需要讲求变通”，此话不假，但这里的变通并不是说要放弃原则。有些原则是人立身的根本，是绝对不容许动摇的。没有原则的人是可怕的，倒不是他们让别人感到可怕，而是他们自己的前途可怕。有的人什么事情都敢做，不道德的、不遵守法纪的事，都不惮于去做。这种人往往也找不到自我。如果一个人做人没有原则，就容易让别人乘虚而入，做出违背本意的事。很多时候，我们可能对原则没有明确的定义，但纪律对我们的行为却具有一定的指导意义。初入社会的男孩们，在各种社会潮流的冲击下，若想赢得信任、获取荣誉，就要始终坚持自己的原则，做个有纪律、刚正不阿的人。

“你必须做出关系民族存亡、人民自由的决定。对民族的生存和安全来说，每个军官的个人品德和行为品德都是至关重要的。学员要成为军官，军官也是政府的一名官员。作为管理者应该也必须赢得别人的尊敬，得到别人全心全意的合作，才有可能完成肩负的使命。”这是每个西点学员必须记住的。

西点从学员进入军校开始就十分强调纪律的重要性。西点人认为自觉自律是意志成熟的标志。西点严厉的纪律是出名的，开始大家可能只是为了形式，时间一长习惯成自然，学员逐渐把军校的目标变成了个人目标，把原本强调的行为变成一种自然的行为，变成了自觉。

毕业于西点的乔治·巴顿将军除骁勇善战外，还以森严的军纪治军而声名远扬。一个战场指挥官假如不执行和维护纪律，那就是潜在杀人犯。指挥官放肆的言词是锻炼学员的手段之一，“没有粗俗劲就无法指挥军队”。

为此,巴顿将军从日常作风抓起,以达到军容严整,作风过硬。

首先,巴顿从自己做起。他始终衣冠整洁、合体,以他独有的军人风度给人们一个雄壮威严、神气勇猛的形象。

其次,为了做到令行禁止,巴顿时常亲自出去抓一小撮违令者,以强制部下遵命守纪。第二次世界大战期间,他发布了强制性的着装令:凡在战区,每个军人都必须戴钢盔、系领带、打绑腿,后勤人员亦不例外。对于违反此命令者规定了罚款数额:军官50美元,士兵30美元。巴顿半开玩笑地说:"当你要动一个人的腰包的时候,他的反应最快。"

尽管如此,还是有些人不以为然,不断出现违纪现象。听到这一情况后,巴顿亲自带人四处巡视,把不执行命令的人强制集中起来,进行训斥,话语不免粗鲁:"各位听着:我决不会容忍任何一个不执行命令的兔崽子。现在给你们一个选择的机会,要么罚款25元,要么送交军事法庭,并记入档案。你们自己看着办吧!"这些士兵只好乖乖认罚。

巴顿能在11天内改变一支部队的"执行力",依靠的就是不断强调"纪律、责任、荣誉"。一个士兵如果不服从纪律,执行力就没有保障。"执行"不是嘴上说说就可以的,而是在遵守纪律、服从指挥的前提下去完成任务。

的确,军队必须有铁一般的纪律,才有凝聚力和战斗力。每个人在遵守纪律、服从命令的前提下去完成任务,军队才可能战无不胜。生活中的男孩们同样要重视纪律,重视和遵守纪律是一种有原则的表现。无论你处于什么样的团队中,你都必须重视团队利益,责任至上,做个刚正不阿的人,才能赢得信任,赢得成功。一个正规的公司肯定都会有完善的公司章程,这是维系一个公司正常运作的支柱。如果公司没有严格的纪律就会使公司处于松散状态,长此以往,公司会逐渐衰败下去。试想,公司的员工如果想来就来,想走就走,把公司当成旅馆,这样的公司还有前途吗?而且这对员工本身也无任何好处,他会把这种散漫带给客户,造成信用危机。

马歇尔是西点人的偶像。“二战”时的盟军总参谋长马歇尔是一个“国际组织者”，他之所以能胜任这个工作，很大程度上是因为他的刚正不阿。

马歇尔的小儿子艾伦在北非服役，马歇尔特地给当地长官打招呼，不要因为他的关系而给艾伦以任何照顾。妻子凯瑟琳抱怨说，这对孩子不公平。马歇尔说，这没有办法，他不能让人们怀疑参谋长为自己的儿子谋取好处。

1944年5月29日，艾伦不幸在韦莱特里的小村庄被一名德国狙击手击中身亡。在儿子的追悼会上，马歇尔只能握着儿媳妇的手老泪横流。

长子克里夫顿也在北非服役，他原本就有脚病，因此想请假回国治病，并趁机调至意大利。马歇尔闻讯后大怒，立即给驻阿尔及利亚的斯特耶将军去信说：“他在那里还不到一年。我不给张三李四办的事，也绝不给他办。成千上万的军官已在海外服役两年以上，其中有些人多次患病，要求回国，给国家造成很大压力，我决不能为我自己的亲人开后门。”

克里夫顿的事就这样被卡住了。

马歇尔是令人敬仰的。从马歇尔的一生可以看出，恪尽职守的精神一直是他不竭的动力源泉。

西点启示

要想生活在一个更和谐的社会，就要自觉地严格约束自己，时刻将纪律放于心中，以获得更广阔的自由。相反，无视纪律、对抗规则的人，常常受到规则的惩罚，到处碰壁，甚至付出自由的代价。

既然遵守纪律是坚持原则的一部分，并对个人乃至集体的发展有如此重要作用，那么男孩们该如何做到遵守纪律呢？

1. 时刻保持清醒的头脑，经受住诱惑

当今社会，无论哪个领域，诱惑都是存在的。诱惑能对那些意志不坚定的人产生作用，甚至毒害他们的思想，为此，你需要记住的是天下不会掉馅饼。抱着这样的想法，你也就能保持清醒的头脑了。

2. 自我约束，不为自己找任何借口

自我约束是一种值得特别关注的性格品质，它影响着履行职责和个人行为。当你具有强烈的纪律意识，在不允许妥协的地方绝不妥协，在不需要借口时绝不找任何借口，你会猛然发现自己已经成为一个有原则、刚正不阿的人了。

★懂得自制，勇拒诱惑

生活中，我们每个人都会遇到诱惑，当你对某事物有欲望时，它对你来说便成了诱惑。诱惑你的可能是一个实体，也可能是一种感受。一些不良诱惑是你成功的大敌，是你实现目标的障碍，也是你的理智最难逃脱的陷阱。

面对那些不良诱惑，是否能克制住就体现了你的自制力。任何人，一切的成就，一切的财富都始于一个意念，即自我意识。自制是指引你行动方向的平衡轮。它能帮助你的行动，而不会破坏你的行动。无法自我控制，这是一般青年人的通病，也是成功的死敌。人生好像行驶中的汽车，速度越快，就越需要控制。西点军校非常强调纪律，并且要严格地遵守纪律，要学会克制。西点军校希望自己的学员都成为一个既随和又文雅高尚的人。这不是要求他们没有个性，没有自己的爱憎，不讲原则，而是希望他们能够控制自己的情绪，更加冷静、理性、得体地处理生活中的各种矛盾。

有这样一个故事。草地上一头强大的驴子在吃草，一只小小的蝙蝠落在驴子的后蹄上，用它细小的舌尖轻轻地舔驴子的踝处。起初驴子不断抬蹄想赶走蝙蝠，渐渐地它觉得很舒适，不再烦躁。在驴子被麻痹后，蝙蝠咬了个小口，与同伴轮流喝干了驴子的血。蝙蝠施以舒适而致命的诱惑，在驴子陶醉沉迷之时杀死了比自己强大千万倍的对手。

生活中，不良诱惑不就像这吸血蝙蝠一样，让你舒舒服服地上当，在不知不觉中成为它的俘虏。在追求成功的路上，一旦你找准了目标，就要一心一意，更要懂得外界的不良诱惑对你来说都是成功道路上的绊脚石，但是这些绊脚石和我们生活上遇到的困难不一样，不能把它当做垫脚石，而是要远离这些诱惑，更要学会抵制诱惑。这样，男孩们才会离成功更进一步。

人们的计划、理想往往在强大的不良诱惑面前灰飞烟灭。比如，一个自制力差的男生，也许在放学路上还计划着写完作业再看电视，可回到家看到遥控器时，便忍不住决定先看两眼，于是就不知道要看多长时间了；有的孩子也许刚向父母保证勤奋学习，而过不了几天就忍不住逃课打电脑游戏。这样，怎么能进入自己理想的更高学府学习？不能有效抵制不良诱惑必然是成功的死结。相反，如果一个人自制力强，那么他便会将精力集中地用于一点，这样做事效率就会很高，自然能在做某事上取得成功。一件一件小事的成功，自然会累积起大的成功。

有时候，自制力对于我们的意义与方向盘对于汽车的意义类似。如果没有方向盘，汽车就不能向着正确的方向行驶，东冲西撞，无法到达目的地。一个有着强烈自制力的人，就像一个有着良好制动系统的汽车一样，能够到达自己想要去的地方。成功需要很强的自律能力。有一项调查结果显示：很多犯人之所以会身陷囹圄，主要的原因是因为他们缺乏最基本的自制力。一个人只有先具备了自制能力，才能去控制别人。一个自我失控的人，最先毁灭的是他自己。

西点启示

失去控制的人生最终会使你失败。唯有自制的人,才能抵制诱惑,有效地控制自身,把握好自我发展的主动权,驾驭自我。一个人除非能够控制自我,否则他将无法成功。

的确,我们之所以会做那些让自己后悔的事,归结起来,大多是因为自制力薄弱,抵挡不住诱惑,因此做了不该做的事。要培养坚定自制力,首先要从心里认识到自制的重要性,然后才能自觉地培养。只有坚定地约束自己、战胜自己,最终才能战胜困难,取得成功。

那么,男孩们该怎样加强自身的自制力、抵制诱惑呢?

1. 结果比较法

仿照那些成功人的思维方式,让自己静下心来,花些时间分析一下以下问题:成败都是由因及果的;如果我们把心思专门用在学习和工作上,抵制住诱惑,我们会获得什么结果;如果我们把心思用在别的方面,抵制不住诱惑,我们会获得什么后果。这样我们可以列一个表,在表里我们可以看到现在忍耐吃苦的话,将来会获得什么快乐;现在就急于求乐的话,将来会承受什么痛苦。比较之下,我们必然能得出正确的结论。

2. 强者刺激法

这种方法,需要你首先选定几个你认为已经很成功的人,比如比尔·盖茨、戴尔·卡耐基、松下幸之助、李嘉诚、李政道……总之是你崇拜的人,了解一下他们是怎样勤奋工作学习的,学习他们是怎样加强自己的本领的。然后再选定几个与你同一行业的熟悉的人,并且已经取得令你羡慕的骄人成绩的"准成功者",回顾或观察一下他们是怎样做的。有了这两个行为样本,你就会想到那些人正在干什么,你也就可以自觉自律了。

3. 行为惯性法

我们给自己划定一个比较容易拿得出的固定的时间，规定在这个固定时间内，只能做哪些事情。例如每天晚上十一点（睡觉前），喝一杯牛奶，这是很容易做到的，你的头脑会渐渐地变得愿意执行任务。在习惯养成之后，你再逐步加入一些难度大的任务，一切形成习惯之后，自制力也就随之形成了。

4. 有针对性地改掉坏习惯、习得好习惯。

一个自制力不强的人会有很多抵制不了的诱惑，表现为很多不好的坏毛病，这时我们可以采用富兰克林提出的方法。富兰克林在他的《富兰克林自传》里提到了这种方法：首先列出最需要习得的13种美德，要想习得这些美德，不可以立刻全面地去尝试，而是在一个时期内（比如一周内）集中精力掌握其中的一种美德。当掌握了那种美德之后，接着开始注意另外一种。而在一定时期内，也要注意应用前一两种美德的学习成果，这样下去直到13种都掌握为止。

★冲动是恶魔，会令自己一败涂地

我们知道，人都会受情绪的影响，我们的情绪会被周围的人和事所影响。成功的人却能做到自控，做事不冲动；失败的人性情散漫、毫无节制，总是受自己情绪的摆布。冲动的人起伏摇荡于恶性失衡之中，做事时容易陷入自相矛盾的境地。这种过分轻狂不仅毁掉了他们的意志，也殃及他们的判断力，干扰了他们的理解力。成功的人不会念起心动。生活中的男孩们，现在的你年轻气盛，但请记住：冲动是魔鬼，会令自己一败涂地。从现在起，一定要做到自制，理智思考并控制自己的情绪。

西点校训中就有这样两句话，“冲动，绝不是真正的英雄的性格”“哪怕

是对自己的一点小的克制,也会使人变得强而有力”。1915 年西点军校毕业生、美国陆军五星上将奥马尔·纳尔逊·布莱德雷说过:“一个能自制的思想,是自由的思想,自由便是力量!有时,为了获得真正的自由,必须暂时尽力约束自己。”

俗话说:态度决定一切。一个人的情绪糟糕,容易冲动,往往会把事情都办砸。即使遇到了好事和良机,也会因为无法控制情绪,使自己承受无形的压力,使自己的能力无法充分发挥,错过这些机遇。

男孩们,人生漫漫,你不要让自己输在心态。心态决定人生,也决定了人的生活方式,懂得自制,能控制自己的情绪,就会控制由冲动带来的一系列恶性情绪反应。一旦拥有良好的情绪,就会用心做好每一件事。生活中许多人总是把活得太累、活得太烦的原因归咎于外界,却不懂得控制心态才是解决问题的关键。以何种心态去面对世事,完全在你自己,你完全可以选择和主宰你的心情。同样的处境、同样的事情,你以淡定的态度去对待,就会感到轻松自如;你用烦躁易怒的态度去对待,就如同掉入黑暗的深渊。一个懂得自制的心态就是成功者的心态,比一百种智慧都更有力量。

能驾驭自己的情绪,才能真正驾驭自己。为了赢得胜利,做事不能冲动,你应该提高自己的克制能力,学会控制自己的情绪,平衡自己的心态。这样,对身体健康和事业发展都有着莫大的帮助。

这一启示告诉男孩们控制自己的情绪、克服冲动、收获一种健康心态极为重要,对此你可以这样做。

1. 转移

将注意力转移到愉快的事情上去。

2. 分离

分散你的烦恼，把它们各个击破。不要把这个烦恼与别的烦恼联系起来，不要算总账。不要自寻烦恼，人为地加以放大。

3. 弱化

减弱你的烦恼，对于非原则的刺激，我们必须学会紧紧地把住闸门，尽可能不听、不看、不感觉、不让它输入。如果有了烦恼，就尽可能不联想、不思考、不记忆。

4. 体谅

生气是因为别人的过错而惩罚自己。原谅了别人也就解放了自己。

5. 解脱

就是换一个角度看问题。从更深、更广、更高、更长远的角度来看待问题，对问题做出新的理解，以求跳出原有的局限。使自己的精神获得解脱，以便把精力转移到自己所追求的目标上来。塞翁失马，焉知非福，就是经典的解脱思维。

6. 升华

充分利用强烈的情绪冲动，并把它引导到积极、有益的方向上去，使之具有建设性的意义和价值。把坏事变成好事，把情绪升华成力量。

7. 抵消

积极寻求另外一种刺激，抵消、转移情绪的影响。如邻居大声开着音乐，使自己心烦意乱，使用前面的方法无效时，不妨自己打开音响，播放自己喜欢的音乐。

8. 表达

以书写、谈心等方式将情绪释放出来，抒发出来。

随着对情绪的有效管理和利用，人就会越来越自由，越来越潇洒。如果你做出一个微笑的面容，那么你的心情就立即会感到增加了几分愉悦。

★负责是一种强大的人格力量

“责任”一词对于我们每个人来说并不陌生，从年幼的儿童到长大的成人，从普通百姓到身居高位的各级领导，不同的人承担着不同的责任。责任与每个人的生活都是密切相关的。我们平时所说的社会责任、民族责任、家庭责任、环保责任等，就是责任的不同表现形式。但无论对于谁，负责都是一种强大的人格力量。生活中的每个男孩也应记住这点，无论是家庭、社会还是国家，都需要你承担作为一个男子汉应该承担的责任。

英国王子查尔斯曾经说过：“这个世界上有许多你不得不去做的事，这就是责任。”责任不是一个甜美的字眼，它有的是岩石般的冷峻。男孩们，当你真正地成为社会一分子的时候，责任作为一份成年礼物已不知不觉地落在你的肩上。这样的一个十字架，我们为什么要背负呢？因为它最终带给你的是人类的珍宝——伟大的人格。这一点，每个西点人都深有体会。

西点人强调要时刻把国家、集体和人民的利益放在首位，从不过分计较个人的得失。西点学员不论在什么时候，无论穿军服与否，无论是在西点校内还是校外，都有义务、有责任履行自己的职责。这一出发点不是为了获得奖赏或逃避惩罚，而是出自内在的责任感。

作为西点学员，他们必须承担起西点人的责任，履行自己的义务。他们深知责任与义务是相辅相成的。西点人每天都在起床时自觉提醒自己记住要承担起神圣的职责，它远高于个人感情或友情。西点学员具有高度的责任感，把人民和国家的责任放在第一位，无时无刻不坚持训练。

责任是上天留给世人的一种考验。许多人通不过这场考验，逃匿了。许多人承受了，自己戴上了荆冠。逃匿的人随着时间消逝了，没有在世界上

留下一点痕迹。承受住的人也会消逝，但他们仍然活着，他们的精神仍然活着。

20世纪初，一位美国人为人类精神历史写下灿烂光辉的一笔。他叫弗兰克，利用积蓄开办了一家小银行。但一次银行抢劫导致了他不平凡的经历。他破产了，储户也失去了存款。当他带着妻子和四个儿女从头开始的时候，他决定偿还那笔天文数字的存款。所有的人都劝他："你为什么要这样做呢？这件事你是没有责任的。"但他回答："是的，在法律上也许我没有责任，但在道义上，我有责任，我应该还钱。"

偿还的代价是30年的艰苦生活。当他寄出最后一笔"债务"时，他轻叹："现在我终于无债一身轻了。"他用一生的辛酸和汗水完成了他的责任，而给世人留下了一笔真正的财富。

30年承担与自己"无关"的责任，估计很少有人能做到！但是弗兰克做到了，这就是责任的力量。

意大利哲学家马志尼说过这样的话，"我们必须找到一项比任何理论都优越的教育原则，用它指导人们向美好的方向发展，教育他们树立坚贞不渝的自我牺牲精神……这个原则就是责任，这种责任是他们终生的责任"。梁启超也曾经说过，"凡属我受过他好处的人，我对于他便有了责任。凡属我应该做的事，而且力量能够做到的，我对于这件事便有了责任。凡属于我自己打定主意要做一件事，便是现在的自己和将来的自己立了一种契约，便是自己对于自己加一层责任"。

在日常生活中，每个男孩都或多或少地有类似的体验：早晨背起包匆匆忙忙地去上学或上班，等到学校或单位后才发现该带的东西没带；答应别人的事，却由于种种原因而最后未能实现等。尽管这些事情看似只是一件件小事，我们也可以以记性太差或太忙为借口聊以自慰，但是殊不知，日常生活中的这些小事在某种程度上却能反映出一个人的责任心。

责任不是说出来的，是用行动来体现的！年轻、稚嫩的男孩们很容易忘

却责任,因为安逸的生活会使你们麻木而失去方向!我们必须先做好对自己负责,而后才可以谈对父母负责、对家人负责、对社会负责!当然讲责任的核心是坚持!

西点启示

责任不是只会压弯人脊梁的重担,更不是只会阻碍人前行的负累。对于只想随心所欲生活的人而言,承担责任会让他毫无头绪的人生变得目标鲜明,让他在人生之旅迈出的每一步都有意义。

男孩们,了解自己所应承担的责任是履行责任、养成责任心的基础。不同的社会角色承担着不同的社会责任。你需要明确自己应该承担哪些责任。

1. 对自己负责

能利用一切条件和各种机会发挥自己的潜能;关心自己的健康,谋求必要的生活条件;自尊、自爱、自制、自强;能满意地接受自己……这些都是对自己负责的表现。

2. 对家庭负责

尊重、体贴、帮助父母;关心、照顾长辈和兄弟姐妹;热爱家庭,夫妻平等互助,努力创造和谐的家庭气氛,履行和担负起家庭的各种责任。

3. 对他人负责

接受和信任他人,富有深厚的怜悯心、同情心;尊重他人的人格、宗教信仰和风俗习惯,尊重并愿意考虑他人的不同意见和看法;平等待人,有事共同商量;同学、朋友团结友爱、和睦相处;谦恭礼让,敬老爱幼,关怀残疾人;珍惜时间,信守诺言。

4. 对集体负责

关心集体，积极参与学校、公司、社区组织的各项集体活动，承担并完成集体赋予的任务；为集体的建设和集体活动的开展出主意、想办法。

当然，这是从小处而言的，从大处着眼，男孩还需要对社会、国家负责。责任无处不在，无时不有，希望你始终不忘记自己的责任，不论做什么事情，都要像古人所说的那样“求安心”“求放心”。这样日积月累，最终形成高度的责任感。

★敢于担当，主动肩负责任

曾经有人通过互联网调查关于真正的男子汉应该有什么样的能力和素质这一问题。答案五花八门：爱心、勇敢、真挚、坚强、成熟、坦率等。但几乎所有的网友都表明，有责任感是衡量一个人是否是男子汉的最基本原则。一个有责任感的男人在别人心中是一个高大的男子汉形象。生活中，每个男孩都希望自己在别人眼里是个真正的男子汉，那么你就必须让自己成为一个敢于担当、有责任感的人。在男孩们敬畏的西点军校里，责任感是每个学员必须具有的品质。

西点坚信，没有责任感的军官不是合格的军官，没有责任感的公民不是好公民。责任感对自己、对国家、对社会、对民族都不可或缺。司令官要为士兵树立榜样，要为下级的行动负责，甚至还有更多的责任。士兵、下级也要以相同的责任意识和行动回报长官，这是做成任何一件事的基本条件。因此，西点在教育中一刻也不松懈对学员责任的灌输。每有对此攻击者，都会遭到毫不客气的回击。

许多从西点走出来的大人物都对西点赋予学员的责任感赞赏不已，不

少人还提到国家利益的高度对此加以肯定。

在这方面,艾森豪威尔的观点具有一定的代表性。他说:“根据我想象中的制度,美国的每一位年轻男子,不论他在生活中的地位如何,也不管他对将来有什么计划,都应受到49周的军事训练……这一年不仅是他对国家的贡献,也是他们受教育的一部分。政府当然将为他们提供膳宿、服装和其他必需品,但是受训人员只能得到少量津贴,比如说每个月5~10美元,作为零用钱……这样做对于抵制不负责任的行为和防止犯罪大有好处。让我们的年轻人受一年的纪律训练,使他们懂得正确的生活态度,无疑将使一大批潜在的制造麻烦的人明白过来。”

敢于担当是一种积极进取的精神。罗兰说,性格决定命运。如果一个人优柔、懦弱、缺少魄力和担当,恐怕很难成就大事,也很难赢得他人的赏识。主动要求承担更多的责任或勇于担当责任是我们成功的必备素质。这也正是成功的西点人给男孩们的启示。从西点毕业的他们能继续在各个行业和领域独占鳌头,也应归功于他们在西点培养的责任意识。

曾有一位总裁说:“我最不欣赏那些遇事不主动承担责任的人,如果有谁说‘那不是我的错,那是别人的责任’而恰好被我听到的话,我会毫不犹豫地开除他。”

20世纪初的美国金融危机中,著名投资者李文史顿在股市大萧条时果断将所有的巨额空单平仓,缓解了市场卖压;20世纪末,香港金融危机时,李嘉诚不仅承诺不卖出股票,而且在市场陷入恐慌的时候回购公司股份;美国“911”事件发生后,股神巴菲特曾明确声称将不会卖出一股股票……这些似乎都与商人投资获利的宗旨相悖,但他们在市场出现危机时敢于承担责任的做法最终获得了人们的赞扬,也得到市场的回报。

无数的例子表明,无论是工作还是生活,勇于负责的人最终都会得到人们的赞赏。所以,男孩们,你若想实现自己的理想,首先就要端正自己的思想,对自己所做的事保持清醒的认识,一开始就要秉承负责到底的精神,努

力培养自己良好的品质，这才是成功者应有的心态。也只有这样，在你最需要的时候，才会有人站出来为你说话，助你一臂之力。

西点启示

没有责任就没有尊重，没有责任更不可能有成功。一个逃避责任的人注定失败，而一个勇敢承担责任的人，即使没有傲人的成就，也是生活中真正的强者，一个真正的赢家。

那么，从现在起，男孩们，你该重新审视一下自己的责任意识了。你有让自己承担责任、发愤图强的责任心吗？

1. 你会主动帮父母承担家务吗？你对家里的财产状况了解多少？

2. 你认为自己可靠吗？

3. 你会为了人生的大事而提前做准备吗？

4. 你曾经做过错事而不敢公开承认吗？

5. 你会经常为自己和他人的健康提出一些必要的建议吗？

6. 你永远将学习或工作放在第一位，然后再去进行其他的娱乐和休闲活动吗？

7. "既然决定做一件事情，那么就要把它做好。"你同意这句话的观点吗？

8. 答应别人的事就一定会真心实意地尽全力去做吗？

当然，这些只是责任感的一些表现而已，要做到敢于担当，你还必须把责任心贯穿生活中的每个部分，做到有意识地担当，才能逐渐把自己历练成一个可以肩负起未来家庭、社会乃至国家的责任！

★挺身而出，对违背纪律原则的事给予制止

有人说，人的一生有两支笔，一支笔写他人，一支笔写自己。任何一个人都不能离开他人独立生存。我们处在一定的社会、集体当中，也就有责任维护集体、社会的利益，当发现违纪违规、违背原则的事，一定要给予坚决的制止。只有这样，才能保证每个人遵纪守法、帮助他人提高并赢得友谊。而实际上，生活中就是有这样一些人，他们坚持"各人自扫门前雪，休管他人瓦上霜""人人为己"的行为规则。

男孩们，无论你现在从事什么工作，与什么样的人打交道，都要树立起责任心，对自己负责，对集体负责，也需要对他人负责。有时候，制止他人违纪违规并不是法律义务，但这却是一种人格力量。而在男孩们敬仰的西点军校，监督他人已经被上升为每个学员必须履行的义务。

"职责、荣誉、国家"已成为西点军人做人的准则，也成为世人所称道的西点精神的结晶。这种重责任、重荣誉，重爱国的教育方针已成为许多国家军校争相效法的办校宗旨。

职责是西点军校对其学员的基本要求。它要求所有的学员从入校的那天起，都要以服务的精神自觉自愿地去做那些应该做的事，都有义务、有责任履行自己的职责，而且在履行职责时，其出发点不应是为了获得奖赏或避免惩罚，而是出于发自内心的责任感。正是西点军校多年来向其学员实施的这种责任感教育，为学员毕业后忠实地履行报效祖国的职责和义务奠定了坚实的思想基础。

为了贯彻落实学校的监督体系，西点设置了五种监督机构——陆军部、

国会、总审计局、大学区域联合会、西点校友会，对西点军校实施监督。根据美国的法律及有关规定，西点军校的工作受这五种监督机构的联合监督和检查。这些机构对军校工作的评价、批评和建议反馈到西点，使西点的工作能够不断地完善和改进。

在现代社会，男孩们如果完成一些能力范围内很难完成的事情，得到的不仅仅是心理上的坦荡和安然，你的精神和责任会感染别人，然后别人会因为你也更有责任感。责任作为卓越的原动力，具有传递的效果。

杰克和汤姆是一对兄弟。在一个风雪交加的下午，杰克从家里的邮筒中取出了一封信。可是这封信不是寄给他家的。信上赫然写着：K 市大河沿路 60 号。而杰克的家是在 K 市小河沿路 60 号。

“哥哥，这可怎么办？”汤姆问。“回去叠飞机吧，反正是寄错了的。”杰克说。说着，杰克准备拆信。

汤姆一下子夺过信，说：“怎么能这样呢？这是别人的东西，我们不能据为己有。而且，要是有什么急事，我们不就犯了大错了吗？”

“那你说怎么办？爸爸妈妈又不在家。”

兄弟俩一时也不知该怎么办。送去，外面风雪交加，两个孩子有些胆怯，因为汤姆 9 岁，杰克也只有 11 岁。不送，要是人家有急事耽误了可怎么办呢？“我觉得我们还是应该送去，虽说和他们是陌生人，但我们收到了别人的信，理应给别人送去，这也是我们应该做的，你说呢？”汤姆说。虽然不情愿，但是杰克还是答应了和汤姆一起送信。

他们走了很长时间，终于来到了大河沿路 60 号。

在他们把事情的原委向信件的主人说清楚后，他们如释重负。就连杰克也感激弟弟帮自己做了一个正确的决定。

这件事情过了一个月之后，有一天，一个陌生的男子来到了杰克的家。爸爸妈妈并不认识这个来访者。陌生人说：“我是住在大河沿路 60 号的。一个月前，我的信被误送到你家，是你的两个孩子冒着大雪给我送回家的。

多亏了这两个孩子,当时我的父亲病重急需一笔钱,那封信是让家里给送钱的,晚了我的父亲就活不了了,太谢谢孩子们了。"

爸爸妈妈笑了,他们并不知道自己的孩子做了一件这么伟大的事情。

"还有一封你家的信。"这个男子掏出了一封信,"如果没有这两个孩子的这种责任感,我想我是不会给您送过来的,而是要等到邮递员来取走。您的孩子让我懂得了什么是责任。"

这是一个感人的小故事。人与人之间的这种责任心,的确是可以传递的。当我们发现有人违背原则,我们应及时制止,把责任心传递给周围的人。如果生活中的每个人都能做到把他人的责任、社会的责任也肩负起来,那么我们的世界一定会美好得多。

在社会生活中,不管干什么,都要有自己的原则。这里的原则既包括办事的方法,也包括为人处世的态度。这就要求,我们不能一味地迁就、顺从别人,还要监督他人不做违背原则和纪律的事。

那么,生活中的男孩,你该如何做呢?

1. 以身作则,让他人觉得你是个有原则的人

生活中,我们对那些做事原则性强、说一不二的人总是充满敬畏之心,他们说的话似乎分量更重。己所不欲勿施于人,如果我们自己都做不到遵纪守规,又怎能要求别人呢?

2. 注意说话态度,让他人轻松接受

无论你采取什么方式指出别人的错误,一个蔑视的眼神、一种不满的腔调、一个不耐烦的手势都有可能带来难堪的后果。他人不会接受你的批评,因为你否定了他的智慧和判断力,打击了他的荣耀和自尊心,同时还伤害了

他的感情。他非但不会改变自己的看法，还要进行反击。因此，永远不要说这样的话："看着吧！你会知道谁是谁非的。"

★纵容自己等于加速失败的步伐

有时候，有些情绪对我们自身的发展是不利的，如果我们一味地纵容这种情绪在内心的发展，我们就会陷入不良情绪的泥潭不能自拔，加快走向失败的步伐。如果我们懂得自制，给不良情绪加把锁，那么我们的人生才会越走越远。生活中的男孩，年轻的你对什么都充满激情，激情是促使你采取行动的重要原动力，但这更需要你的自制。自制能帮助你的行动，而不会破坏你的行动。在这一点上，你更应该以西点军人为榜样。

在西点，学员若能成功地通过考验，即可达到自律自制，以及更大的自主独立，使他们日后能够成为不求近利、高瞻远瞩的管理者。

纪律就是纪律。西点从学员的选拔、录取、淘汰到学员的日常生活、行为准则、教学程序、待遇等都做了详尽、明确的规定。这些规章制度像是高悬的达摩之剑，随时都可能刺向违规者，对于学员的行为有着很强的约束力。纪律是严明的，有时甚至是残酷的，尤其对新学员，他们几乎没有做出任何决定的资格。但他们知道，任何西点人都要过这一关，他们也能。学员们上课、阅兵、检查、体育运动等，每天都安排得满满的，而且任何人都必须完成。时间一长，习惯成自然。他们逐渐把军校的目标变成了个人目标都能自觉守纪，没有谁无视校规、放纵自我。

所以，在西点军校，自觉的纪律更为重要。自觉的纪律是军事院校必须为学员灌输的优良品质。一个人如果要想担负管理责任，这种品质是必不可少的。一个人如果要想很好地为国家服务，也必须具备这样的品质。

自觉的纪律来自绝对的自制,而不是纵容自己。男孩们,如果你希望自己能在某个领域有所成就,成为一个成功者,你就必须懂得克制自己的欲望,纵容自己不仅不能提升自己,反倒会加快失败的步伐。拿破仑·希尔对美国各监狱的16万名成年犯人做过一项调查,结果却令人吃惊:这些犯人之所以判刑入狱,有90%的人是因为缺乏必要的自制,放纵享乐,未能把他们的精力用在积极有益的方面。

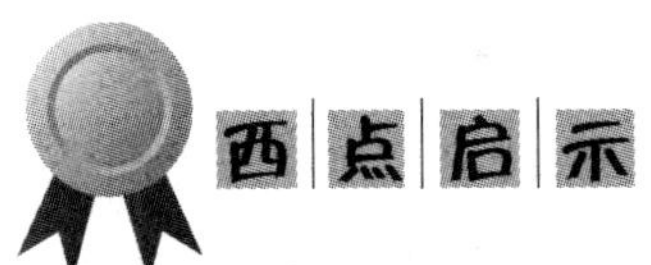

西点启示

成功需要很强的自律能力。因为一个自我失控的人,最先毁灭的是他自己。

对此,男孩们需要从以下两点做到自制。

1. 提高认知水平,端正态度

如果你只是如何表现自己、如何取得个人荣誉的想法是可怕的,接踵而至的消极情绪就会把你击毁,使你失去自控能力。如果你想到的是"我作报告,只不过将大家的经验作一总结,进行交流""我是为正义而战",你的态度是高尚的、积极的、达观的,这样你就会很少受消极情绪的影响。正确地认识自己、正确地认识行动的意义,对培养自制力来说是很重要的。自制力强,就不会轻意放纵自己。

2. 有针对性地培养自制力

培养自制力必须有针对性。要针对自己的某种弱点、行动中的某种消极的心理活动来训练。要培养自制力,应当先找出自己常犯的毛病,然后选择适当的训练方法,通过训练在实际活动中不断增强自制力。

第8章

宽容豁达，“铁汉”更有儒雅谦逊的风度

——像西点军人一样胸襟宽广，气度不凡

宽厚待人，容纳非议，乃事业成功、家庭幸福美满之道。美国西点军校从成立第一天开始就把培养第一流的军人作为办校的宗旨。所有从西点军校毕业的成功人士都表示，性格对于一个人的成功是非常重要的。每个成功的西点人身上无不有着宽容、豁达、乐观的品质。生活中的每个小男子汉，也要和西点军人一样把宽容当成一种性格来培养。毕竟生活里有太多不如意的时候，需要你用宽容的心去对待。事事斤斤计较、患得患失，活得也累，难得人世走一遭，潇洒最重要，而宽容就是潇洒，也是你成功的保证！

★接纳整个世界，打开宽广的胸襟

古人云："海纳百川，有容乃大。"作为一个人，要想拥有百川的事业和辉煌，首先拥有容得下百川的心胸和气量，从而接纳世界、接纳周围的一切。俗语讲，眉间放一字"宽"，不但自己轻松自在，别人也舒服自然。宽容是一种豁达的风范，对于人生，也许只有拥有一颗宽容的心，才能从容面对自己的人生。男孩们，年轻的你无论现在处于什么样的境遇，都不要抱怨、不要放弃，既来之则安之，坦然地接受外界赋予自己的一切，才能奋起直追，用宽阔的胸襟拥抱理想，拥抱未来。

从西点学员那里，我们发现，有时候宽容是一种坚强，而不是软弱。宽容所体现出来的退让是有目的、有计划的，主动权掌握在自己的手中。他们进入西点之后，没有任何时间来抱怨，而是必须以最快的速度适应这个环境，只有接受周围赋予自己的一切，一切从零开始，才能重新塑造自我。这一点，年轻的你能做到吗？你能真正做到放低自己去接纳整个世界吗？

一个满怀失望的年轻人，千里迢迢来到法门寺，对佛家学者法明说："我一心一意要学丹青，但至今没能找到一个能令我心满意足的老师。"

法明笑笑问："你走南闯北十几年，真没能找到一个自己的老师吗？"年轻人深深叹了口气说："许多人都是徒有虚名啊，我见过他们的画，有的画技甚至不如我呢！"法明听了，淡淡一笑说："我虽然不懂丹青，但也颇爱收集一些名家精品。既然施主的画技不比那些名家逊色，就烦请失主为老僧留下一幅墨宝吧。"说着，便吩咐一个小和尚拿了笔墨砚和一沓宣纸。

法明说："我的最大嗜好就是爱品茗饮茶，尤其喜爱那些造型流畅的古朴茶具。施主可否为我画一个茶杯和一个茶壶？"年轻人听了，说："这还不

容易。”于是调了以砚浓墨，铺开宣纸，寥寥数笔，就画出一个倾斜的水壶和一个造型典雅的茶杯。那水壶的壶嘴正徐徐吐出一脉茶水来，注入那茶杯中去。年轻人问法明:“这幅画您满意吗?”

法明微微一笑，摇了摇头。

法明说:“你画得确实不错，只是把茶壶和茶杯放错位置了。应该是茶杯在上，茶壶在下呀。”年轻人听了，笑道:“大师为何如此糊涂，哪有茶壶往茶杯里注水，而茶杯在上茶壶在下的?”法明听了又微微一笑说:“原来你懂得这个道理啊！你渴望自己的杯子里能注入那些丹青高手的香茗，但你总把自己的杯子放得比那些茶壶还要高，香茗怎么能注入你的杯子里呢?涧谷把自己放低，才能吸纳融会百川，成汹涌之势啊。”

法明的话很有道理，一个人只有先放低自己，愿意接纳世界，才能获得外界的恩赐，为自己注入新鲜的能量。男孩们，可能现在的你正遭受着某种苦难，可能你认为这个世界对你是不公平的，可能你满腔怨气。但你想过没有，即使你抱怨又能怎样?会改变现状吗?当然不能。那么，何不坦然地接受，然后鼓起勇气，从零开始寻找新的出路呢?

西点启示

退一步，海阔天空。对于过去，我们不要太执著，而是要接受现在，把握现在。放宽心，把握现在，才能收获未来！

那么，男孩们，你该怎样才能做到接纳整个世界呢?

1. 接纳自己的现状

即使你正面临很多困难、痛苦和烦恼，你不必做任何改变，不必增添什么，或消除什么，此时此刻的你是完美的，让这样的认知进入心中。你若真能如此，所有的批判就会自动销声匿迹。

2. 接纳别人的现状

不论他们有什么习性或可靠与否,你不必改变他们,他们也不必改变自己来博取你的接纳。他们无需你的认可,而你也无需他们的认可。他们没有问题,而你也没有问题。没有谁对或谁错,你们都是并肩而立。当你接纳了别人,你的心灵就开放了。当你接纳了别人,你对自己也会更加慈悲。

3. 接纳目前的生活现状

你不必改变生活的现状,每一情境本身都是完美无缺的,所有的人际关系本身也一样是完美无缺的,每一种人生课程都有助于你的成长,每一个外在障碍都在帮你深入爱的终极泉源。不必设法诠释你的生活,否则你会发现有所缺失,其实你没有失落任何东西。但是,不论是正面或反面的诠释,都是你这一生必须突破的幻境。

接纳就是这么简单,但同时也是最难的一门学问。有了接纳,小我才会让路。这就是接纳之路。凡是你无法接纳的,你会抗拒到底,这种对立便成了你的束缚。凡是被你接纳的,就会轻轻地进入你的心房。没有任何东西强迫得了你,也没有任何东西牵绊得住你。这就是你接纳之后的心境。

★宽容的美德,绝对不可或缺

宽容是人类的美德,更是一种最为宝贵的意识,人类社会的任何组织,小至家庭,大至社会、国家,要和谐共存,都离不开“宽容”的意识。古人云:冤冤相报何时了,得饶人处且饶人。这是一种宽容,一种博大的胸怀,一种不拘小节的潇洒,一种伟大的仁慈。自古至今,宽容被圣贤乃至平民百姓尊奉为做人的准则和信念,已成为中华民族传统美德的一部分,并且被视为育人律己的一条光辉典则。

男孩们，你也要时刻记住宽容为不可或缺的美德，大丈夫一定要胸怀广阔，容人之不能忍，才能成就非凡的品质。在西点，宽容是被作为一种良好的性格来培养的。

美国西点军校是1802年由杰斐逊总统批准建立的。它从成立第一天开始就把培养第一流的军人作为学校的宗旨。无数美国名将，众多美国政治家、企业家、教育家和科学家都是从这里诞生，从格兰特、麦克阿瑟、艾森豪威尔、巴顿到黑格、奥姆斯特德、鲍威尔等。为什么西点军校可以培养出如此多的成功人士呢？所有从西点军校毕业的成功人士都表示，性格对于一个人的成功是非常重要的，而西点军校对于性格的培养又是十分成功的，其中就包括宽阔的胸襟。

西点军校1915届毕业生艾森豪威尔是一个既随和又文雅高尚的人。他满怀信心，受人尊敬。传记作家彼得·莱昂说："艾森豪威尔曾想亲近人民，他也希望人民亲近他。当事情并非如此的时候，他感到难过。"

在万圣节前夕，小艾森豪威尔因大人不许他同孩子们一起玩耍十分生气，用指关节撞树，撞出血来。那天晚上，他妈妈一面为他敷药按摩，一面对他说，怨恨是毫无用处的。艾森豪威尔觉得这是他一生中最为珍贵的时刻。从那以后，他努力避免憎恨别人或公开说别人的坏话。艾森豪威尔那种令人宽慰的笑容，正好是他欢快、乐观的性情的写照。他偶尔也闷闷不乐或怒气冲冲，但从来没有持续多久。

生活中，我们也难免遇到一些让我们气愤和不快的人和事，如果我们能做到和艾森豪威尔一样摒弃怨恨和宽容，饶恕别人，这就不但给了别人机会，也取得了别人的信任和尊敬，我们也能够与他人和睦相处。

正所谓，退一步，海阔天空，忍一时，风平浪静。宽容就是不计较，事情过了就算了。每个人都有错误，如果执著于其过去的错误，就会形成思想包袱，不信任、耿耿于怀、放不开，限制了自己的思维，也限制了对方的发展。

一个智者这样说过："你必须宽容三次。你必须原谅你自己，因为你不

可能完美无缺;你必须原谅你的敌人,因为你的愤怒之火只会影响自己和家人;在寻找快乐的路途中,最难做到的或许是你必须原谅你的朋友,因为越是亲密的朋友,越能于无意中深深中伤你。"我们常常的确是对别人太严厉了。每个人都在企图证明:"我是对的,而你是错的"。宽容待人,就是在心理上接纳别人,理解别人的处世方法,尊重别人的处世原则。

男孩们,你是否曾因为朋友无意中的一个过错而耿耿于怀?你是否因为想证明自己的观点而对朋友恶语相向?如果是,请考虑一下对方的感受吧!人总有自尊心,没有人会愿意被人直指短处。更何况,有时候我们所想的真理其实可能正是他人认为的谬误。

一位德高望重的长老,在寺院的高墙边发现一把椅子,他知道有人借此越墙到寺外。长老搬走了椅子,凭感觉在这儿等候。午夜,外出的小和尚爬上墙,再跳到"椅子"上,他觉得"椅子"不似先前硬,软软的甚至有点弹性。落地后小和尚定眼一看,才知道椅子已经变成了长老,原来他跳在长老的身上,后者是用脊梁来承接他的。小和尚仓惶离去,这以后一段日子他诚惶诚恐等候着长老的发落。但长老并没有这样做,压根儿没提及这"天知地知你知我知"的事。小和尚从长老的宽容中获得启示,他收住了心再没有去翻墙,通过刻苦的修炼,他成了寺院里的佼佼者,若干年后,成为这儿的长老。

这个小故事估计我们早已耳熟能详,但它却一直向生活中的每个男孩诉说着同一个道理:宽容是伟大的行为。我们在接受别人的长处之时,也要接受别人的短处、缺点与错误,这样我们才能真正地和平相处,社会才显得和谐。

宽容是一种财富,拥有宽容,就是拥有一颗善良、真诚的心。这是易于拥有的一笔财富,它在时间推移中升值,它会把精神转化为物质。它是一盏

绿灯，帮助我们在工作中通行。选择了宽容，其实便赢得了财富。

宽容说起来简单，可做起来并不容易。因为任何宽容都是要付出代价的，甚至是痛苦的代价。为了培养和锻炼良好的心理素质，男孩们，你要勇于接受宽容的考验，即使感情无法控制时，也要管住自己的大脑，忍一忍，就能抵御急躁和鲁莽，控制冲动的行为。对此，你需要做到以下两点。

1. 求同存异

宽容就是在别人和自己意见不一致时也不要勉强。从心理学角度来看，任何的想法都有其来由，任何的动机都有一定的诱因。了解对方想法的根源，找到他们意见提出的基础，就能够设身处地从对方角度考虑问题，提出的方案也更能够契合对方的心理而得到接受。消除阻碍和对抗是提高效率的唯一方法。

2. 用爱心包容别人

“包容”，归根结底根源于爱和理解。只有心中有爱，我们才能以同情的态度对待他人，才会充分尊重他人的立场和见解。只有爱，才能消除彼此的敌视、猜忌、误解。而爱的荒芜和消亡将使最亲密的人彼此伤害、仇视以至兵戈相向。

★ 待人宽容，尽显男儿风度

有一位哲人曾经说过：“待人宽容，就好像是播撒种子，等待你的将是收获。”以宽容之心待人，会使你收获快乐和友谊。所以，宽容是一种收获。尚处于人生储备阶段的男孩们，也需待人宽容，用宽容来收获友谊，收获成功！

美国西点军校从成立第一天开始就把培养第一流的军人作为办校的宗旨。所有从西点军校毕业的成功人世都表示，性格对于一个人的成功是非

常重要的，而西点军校对于人的性格的培养又是十分成功的。

宽和待人，就是容人之过。我们在宽容他人的同时，自己也会心平气和，轻松愉快。一个人如果常常为了一点小事就耿耿于怀，甚至严厉地指责别人的不是，如此不但让人望而生畏，不敢亲近，自己也会因为不得人缘而愁闷苦恼，真是伤人又伤己。所以，“严于律己，宽以待人”不但是人际相处之道，也是赢得他人信任，保证事业成功的根本。任何一个成熟、有风度的男子汉都有着不斤斤计较、待人宽容的品质。

宽容就像是存款，存的越多，利息也就越多。

有一次，理发师正在给周总理刮胡须，总理突然咳嗽了一声，刀子立即把脸给刮破了。理发师十分紧张，不知所措，但令他惊讶的是，周总理并没有责怪他，反而和蔼地对他说：“这并不怪你，我咳嗽前没有向你打招呼，你怎么知道我要动呢?”

这虽然是一件小事，却使我们看到了周总理身上的美德——宽容。众所周知，周总理平时和蔼可亲，在群众中的威望也极高，这就是因为他能宽容待人。可见，宽容待人可以收获赞扬与威信。

若一位官员可以宽容待人，他收获的将是庞大的群众基础；若一位名人宽容待人，他收获的将是良好的口碑；若一位老师可以宽容待人，他收获的将是安静的课堂；若一个普通老百姓可以宽容待人，他收获的将是融洽的邻里关系。但无论是谁，要做到宽容，都不是一件易事，需要我们用行动来证明。

有一次，发明家爱迪生和他的助手们制作了一个电灯泡。那是他们辛苦工作了一天一夜的劳动成果。

随后，爱迪生让一名年轻学徒将这个灯泡拿到楼上另一个实验室。这名学徒从爱迪生手里接过灯泡，小心翼翼地一步一步走上楼梯，生怕手里的这个新玩意儿滑落。但他越是这样想，心里就越紧张，手也禁不住哆嗦起来。当走到楼梯顶端时，灯泡最终还是掉在了地上。

爱迪生没有责备这名学徒。过了几天，爱迪生和助手们又用了一天一夜的时间制作出了一个电灯泡。做完后，还得有人把灯泡送到楼上去。爱迪生连考虑都没考虑，就将它交给了那名先前将灯泡掉在地上的学徒。这一次，这个学徒安安稳稳地把灯泡拿到了楼上。

事后，有人问爱迪生："原谅他就够了，何必再把灯泡交给他拿呢？万一又摔在地上怎么办？"爱迪生回答："原谅不是光嘴巴说说的，而是要靠做的。"

在学徒工作失误时，爱迪生并没有多说什么，而是选择再次相信他，并把灯泡交给他，这就是宽容最好的表现。

爱默生说过："宽容了别人就等于宽容了自己，宽容的同时，也创造了生命的美丽。"这就是包容的魅力。有一颗体谅他人的心，就仿佛获得一把钥匙，它能开启未来紧闭着的大门。男孩们，倘若你也想获得更多的支持，就要宽容于人，宽容于事，凡事不去逞强斗狠。与此同时，你还会收获安然、宁静、和谐与友好。正如古人云："大着肚皮容物，立着脚跟做人。"善待自己，更要善待别人。将心比心，多给人一些关怀和理解，才能得到别人的尊重与支持。

宽容是一种修养，宽容是一种境界，宽容是一种美德，宽容是一种非凡的气度。宽容是对人、对事的包容和接纳，是一种高贵的品质，是精神的成熟，心灵的丰盈。宽容是一种仁爱的光芒，无上的福分，是对别人的释怀，也是对自己的善待。

金无足赤，人无完人，每个人都会有缺点，要是我们能够宽容待人，就一定能收获到更多。具体来说，男孩们要做到宽容待人，就需要做到以下

两点。

1. 能容人之错

人们是在不断地犯错中成长、成熟和前进的。人来到这个世间就是来做事、尝试、探索的，没有一件事是不存在犯错的可能的。如果说犯错是进步的前提，那么宽容就应该是进步的基础。

2. 有原则地宽容

宽容不是怯懦，不是逆来顺受，是在理解的基础上的大度、忍让。有原则地宽容，以此求得在矛盾激化前客观解决问题，这是成熟的心态，是完美人格的体现，是解决问题的最佳策略。但宽容也不是没有界限的，因为宽容不是妥协，虽然宽容有时需要妥协。宽容不是忍让，虽然宽容有时需要忍让。宽容不是迁就，虽然宽容有时需要迁就。

★心的宽度决定人生的高度

心胸指的是胸襟，也就是一个人的抱负、气量。古往今来，一个有所作为的人，都是一个心胸宽广的人。一个心胸宽广的人能容人忍事，能敬己恕人，也就能做成大事，那么人生就能攀升到一个顶峰。古人说：“必有容，德乃大，必有忍，事乃济。一毫之隙，即动容；一事之违，即忿然，是无涵养之士也！”这话今天品味起来，对生活中的每个人仍有启发和教育意义。每个渴望成就非凡人生的小男子汉们，同样也要谨记这句话。心的宽度决定人生的高度，一个人能做什么样的“官”，能成就多大事业，与他的心胸有很大的关系。有的人具备了优越的条件，却干不出多大的成绩；有的人看起来平平凡凡，也不见其有过人的能力，却能干出不平凡的事业，登上一个人生的顶峰。这就是他们心胸的区别。

在西点流传着这样一句格言：天空收容每一片云彩，不论其美丑，故天空广阔无比。西点人认为，宽容是做人的一种风度和境界。而言行如一的西点人的代表——艾森豪威尔将军正是这样做的。

艾森豪威尔是一个非常宽容的将军。

艾森豪威尔将军宽阔的心胸令人佩服，同样，在我国古代这样心胸宽阔的内圣者不胜其数。他们不为自己的受到难堪和屈辱而大发其怒、记恨在心，相反，他们表现出宽宏大量、毫不计较的内圣风度。结果他们不仅没有受到更多的伤害，反而得到了大家的敬重。

努尔哈赤在率军攻打齐吉达城时，被城中守将鄂尔果一箭射中头顶，接着又被城中另一斗士洛科射中颈部，虽然未伤及性命，却伤得不轻。在后来的战斗中，这两位箭手都成了努尔哈赤的俘虏。但努尔哈赤宽容大度，不顾众大臣的反对，不但没杀他们，而且还赐给俸禄，官升一级。努尔哈赤明白，一个胸有远大目标的人必须有容天下的大量才能得到天下。

我们观察平时生活在身边的人，那些心胸宽大的人，他们的事业都比较顺。当顺利时，许多的好事连他自己想都没想过就自然向他涌来。这就是他平时的品格积累下来的结果。

心胸宽大的人能容人容事，曾国藩认为，"做人应有豁达的胸怀和恬淡的情趣，能容别人难容之事"，"心胸坦荡者才能容事"。生活中的男孩们，你要做一个明智的人，不应该对什么事都斤斤计较，该糊涂时糊涂，该聪明时聪明。不要小聪明，在关键时刻，才表现出大智大谋。你应该在坚持原则的前提下，在非原则问题上表现出豁达大度，不苛求于人，不要去计较别人的一些过失。

当然，年轻人刚走上社会，难免会与别人产生摩擦、误会，甚至仇恨，但别忘了在自己的心胸里装满宽容，那样你就会少一分阻碍，多一分成功的机遇。人如果没有宽容之心，生命就会被无休止的报复和仇恨所支配。因此，在生活中，你一定要学会宽容，因为宽容是做人的需要。

我们在宽容别人的同时,也在为自己营造良好的生存空间和有利的发展氛围。宽容能消除敌对的、消极的、紧张的因素,让我们的天地更加广阔,道路更加平坦,前景更加美好。

那么,男孩们该如何拓宽心的宽度,从而提高人生的高度呢?

1. 做好知识积累

心胸宽大的人能有大作为。要保持一个人的心胸宽大,只有通过不断努力学习来提高理论素养和知识水平,不断地让自己的眼光远大起来,知识丰富起来,情操高尚起来,从而也就会把自己的主要精力和智慧投入到事业中去,担当起自己的责任。

2. 专注于现在所做的事

成大事者善让,遇事不与人无谓地争高论低,而是通过退让的办法,去专注地做自己的事情。君子坦荡荡,这是千百年来流传下来的一种品德。做人要胸襟宽广,要有宽容平和之心,这不仅是一种魅力,更是事业有成的必备条件。

★懂得包容之心,小事何足挂齿

每个男孩要想在社会上生存,就必须拥有多种智慧:工作中要有解决问题的智慧,人际交往要有营求好人缘的智慧,经商做生意要有抓住商机的智慧等。这些智慧对某一方面的成功有着至关重要的影响,甚至不可或缺。

但有一种智慧,可能你并没有意识到它的重要性,因为许多人没有它也照样能生活,但一旦拥有了它,就等于为自己的人生插上了翅膀,各个方面都能得到质的提升,这种智慧就叫包容。

包容是我们中华民族的传统美德,是一种无私的气度和博大的胸怀,是一种智慧和境界。包容的精神为历代圣贤所推崇,在传统的道、儒、佛家文化中多有论述。如老子说“孔德之容,唯道是从”,《尚书》中也说“有容乃大”,认为有容量的才能称为“大”。佛家讲“一念境转”,心中常存“感恩”“善解”和“包容”,慈悲心怀,才能包容万物,心怀有多大,包容的世界就有多大。一旦我们具备了这种包容天下的心,那么任何小事都会显得不足挂齿。刚走上社会的男孩们社会经验不足,与人交往时免不了会产生一些摩擦,但无论怎样,都不要让自己的内心被仇恨占据,而应该让包容充盈自己的内心,因为包容是做人的需要。

屡次遭受生活的打击和磨难,而不愤世嫉俗,仍能保持宽容、平和的心态,对别人不斤斤计较,这正是西点精神的一项重要内容。

的确,包容是宽恕待人。包容他人曾经的过失,是允许别人有过错,但并非不辨是非,而是“知常明”和“上善若水”,是促其改过自新的最大鼓励。在中国广为传颂的战国时赵国的蔺相如对廉颇的包容成就了“将相和”的佳话。

廉颇恃功对于封爵在自己之上的蔺相如很不服气。而蔺相如对廉颇的羞辱退让再三,是因为他以国家利益为重而不计较个人得失。蔺相如对左右的人说:“我想过,强大的秦国不敢来侵犯赵国,就因为有我和廉将军两人在。要是我们两人不和,秦国知道了,就会趁机来侵犯赵国,这将影响到国家的安危。”廉颇知道后很惭愧,便负荆向蔺相如赔罪说:“我是个粗人,气量狭小,不料您宽容我到这样的地步啊!”蔺相如连忙扶起他说:“不敢当啊! 咱们两人都是国家重臣,一起为国家出力,老将军能体谅我就足够了,怎么还来给我赔礼呢?”两个人从此成为莫逆之交,秦国因此不敢窥

视赵国。

包容是善的力量，它能拉近人与人之间的距离，改善彼此间的关系。古语说“厚德载物”，因德是无私的、最可信赖的，是万物皆可亲近的媒介，这种“德”越淳厚，就越有承载性和包容性。因此道德高尚的人能够在任何环境中不为利欲所动，同情、爱护和帮助他人，心里总是装着别人的安危，唤醒、偕同他人一道行善、实践道义。

男孩们，可能年轻气盛的你认为包容是一种吃亏的表现，其实不然，要知道，不肯让人的人也难被人让，恐怕会成为人人唯恐避之不及的孤家寡人。孔子说：“己所不欲，勿施于人。”包容，正是充分考虑了他人的利益，考虑了大局的利益，自己的利益也尽在其中。

西点启示

包容的人更能得到别人的尊重和帮助，包容的人会因为谦和的姿态避免成为别人攻击的目标，包容的人有着更加和谐的人际关系，从而使自己的工作、事业、生活更顺利。

但是男孩们同时需要记住：患得患失、吃不得一点亏的人无法做到包容，能包容的人在利益面前、在得失面前不斤斤计较，而是以大局为重；处处争先、得理不饶人的人无法做到包容，能包容的人“让”字当头，凡事以和为贵、让人一步；自以为是、听不进不同意见的人无法做到包容，能包容的人兼容并包，虚心听取别人的意见和批评，甚至对一些言辞激烈的攻击也能理智对待，择其善者而从之；遇事喜欢生气、对别人的一点冒犯就记恨报复的人无法做到包容，能包容的人心态平和、宽容大度、淡然从容。

让自己包容一点吧，如果你在工作中感觉压力过大、疑虑重重；让自己包容一点吧，如果你的婚姻生活中总是有那么多的误会和矛盾；让自己包容

一点吧，如果你跟朋友、合作伙伴总是话不投机；让自己包容一点吧，如果你的生活中总是有那么多的不如意。

★虚怀若谷，将有丰富的收获

天才作家卡里·纪伯伦在《贪心的紫罗兰》一文中讲了这样一则故事：玫瑰花听到邻居紫罗兰的哀叹，便笑着摇了摇头说“在百花群里，你最糊涂。你身在福中不知福。大自然赋予你其他花草都不具备的芳香、文雅和美貌。你要知道虚怀若谷的人，永远不会感到贫困和饥荒，且心胸开阔无比高尚”。的确，包容是谦逊、虚怀若谷的品德。人类成熟的重要标志之一就是宽容。当一个人把包容当作美德发扬时，这个人也就具备了感人的魅力。生活中的男孩们，无论现在你有多大的成就，都要虚怀若谷，只有做到这点，你才会不断地有收获。

西点将军格兰特就是这样一个心胸宽广的人。

开往费城的火车上，中途有一个女人上了车，她径自走进一节车厢，并选了一个座位坐下。这时，她对面的一个男人点燃了一支香烟，深深地吸了几口。女人闻着烟味就难受，她故意扭了扭头，轻咳了几声，想提醒对方不要吸烟。可是那男人完全没有注意到她的举动，还是若无其事地吸着烟。

女人忍无可忍，生气地对那男人说：“先生，你可能是外地人吧，这列火车专门有一间吸烟室，这里是不允许吸烟的。”听女人这样说，男人完全明白了，他微笑着，歉意地将手里的香烟掐灭，丢到了车窗外。

一会儿，几个穿着制服的男人走了进来，他们来到女人身边，对女人说：“这位女士，很对不起，你走错车厢了，这是格兰特将军的私人车厢，请你马

上离开。”

女人惊悚不已，原来坐在她对面的就是大名鼎鼎的格兰特将军，她感到非常害怕。但格兰特将军没有丝毫责怪她的意思，他的脸上依然挂着淡淡的微笑，和蔼可亲地对下属说：“没事，就让这位女士坐在这儿吧。”

生活中，我们发现，越是地位崇高、越是成功的人，心胸越宽广，越是虚怀若谷。谦虚的力量是巨大的。它既让我们的头脑保持清醒，品行不入蛮俗，又会为我们创造左右逢源的生存、成长、立业的环境。

世上的人性格不同，对事物的见解也是仁者见仁，智者见智。古之圣贤充分尊重他人的见解，遇事为他人着想，从善如流，成为后人做事的楷模。

西周时，周公辅佐成王，励精图治，思贤若渴，前来投奔的人非常多。他有时候洗一次头，几次握着散开的头发去见客；吃一顿饭，也数次吐出含在嘴里的食物去接待客人。即使这样，犹恐怠慢、埋没了来投奔的贤士。周公以“握发吐哺”的精神使天下人心所向，四夷宾服。周公告诫自己的儿子伯禽说：“圣上让你治理鲁国，你一定要谨守谦恭啊！要知道天的道理，不论什么，凡是骄傲自满的，就要使他亏损，而谦虚的就让他得到益处。地的道理，不论什么，凡是骄傲自满的，也要使他改变，不能让他永远满足，而谦虚的则要使他滋润不枯，就像低的地方，流水经过，必定会充满了他的缺陷。而人的道理，都是厌恶骄傲自满的人，而喜欢谦虚的人啊！”

受世人尊敬的周恩来，一生虚心谨慎，平易近人。身为总理的他虽日理万机、公务繁忙，但每到一处都要深入群众了解情况。20世纪60年代，他有一次到上海考察，与电影演员们会面。在亲切交谈中，有同志热情向他建议：“总理，您给我们写一本书吧！”可他回答说：“如果我写书，就写我一生中的错误，让活着的人们从过去的错误中吸取教训。”

男孩们，你要明白，成功是没有止境的，无论做人还是做事，都不可妄自菲薄，妄自尊大和妄自菲薄都是严重的错误。只有虚怀若谷，你才会不断成功。因为谦虚者追求进取是永无止境的，对好的评价只是淡淡一笑。他们

是伟大的苍鹰，在天空飞翔。谦虚是天堂的钥匙，给谦虚者打开一条成功的道路。牛顿说过："如果说我看得远，因为我就站在巨人的肩膀上。"伟大的居里夫人面对人类的成功只是淡淡一笑。人类历史上的名人、伟人都如此谦虚，所以你也要养成一种"虚怀若谷"的胸怀，都要有一种"虚心谨慎、戒骄戒躁"的精神。用有限的生命去探求更多的知识空间吧！

西点启示

"读教益，知虚怀若谷，求益无方，弥深感叹"，只有虚怀若谷，才能够正确审视自身的不足和缺陷，虚心接纳不同的意见和劝诫，克服挫折所带来的负面影响和压力，而成为真正坚韧积极和勇于向上的人，以真诚待人接物，脚踏实地做好每一件事情。

那么，男孩们该如何做到虚怀若谷呢？

1. 认真听取别人的意见

若是有人当面对你谈异议、提意见，请你不要不耐烦。请你莫随便打断他们的话。请你不要立即驳斥他的"错误"。请你不要轻易批评"这家伙是蠢货"，认为他讲的是"废话"，或者以为他是在"故意刁难""站在敌对立场"等。你若产生了对抗情绪，请你压抑下去，切记不能将其化作表情形之于外，以免刺激他们，使他们心灰意冷，甚至真的转变为敌对立场。

2. 转换立场

看世界，对待问题，有些时候，不妨调换立场、角度。不要总认为只有自己原有的观点才对，要求大家都赞同你，"舆论一律""形成一致意见"。你可以向罗素学习，认识到"参差多态才是幸福之源"，更要体会南非大主教戴斯蒙·图图所说"很高兴我们不一样"。

3. 海纳百川，有容乃大

我们要放低自己、学习他人，但这并不是要求我们完全放弃自己的原则。学习他人，应当尽量学习对我们成长有利的部分，修正补充你自己，求大同、存小异，既有自己的思想文化“底线”，同时又包容对方。

★豁达而乐观，潇洒行走于世

红尘滚滚，荆棘丛生，人生的道路曲折而漫长。苦难是生命过程中所要经历的，烦恼与痛苦相伴，应运而来的是种种困惑。如何面对人生的困惑？毛主席赠柳亚子诗曰：“牢骚太盛防断肠，风物长宜放眼量。”意思是说对待困惑，眼睛要看得远，心要想得开，做到不疑、不愁、不怒，豁达乐观。这样才能烟消云散，天高地阔，去迎接生活的每一天。

生活的快乐与否，完全决定于个人对人、事、物的看法如何。生活感受是受思想影响的。如果我们想的都是欢乐的念头，我们就能欢乐；如果我们想的都是悲伤的事情，我们就会悲伤。每个男孩都应具备乐观而豁达的生活态度，豁达乐观是一种积极向上的性格和心境。它不仅包含着气度和胸襟、坚强和力量，它还可以激发人的活力和潜力。西点军校是受很多男孩敬仰的，而每个成功的西点人也都是经历了一番困难与逆境的折磨，但正是乐观豁达的心态让他们笑对逆境，最终走出失败，走向成功。

的确，人生在世，快乐地活着是一生，忧郁地过也是一生，是选择快乐还是忧郁？这完全取决于做人的心态，正确的做法就是不断地培养自己豁达乐观的心态。它既是一种生活的艺术，又是一种养生之道。

有一种豁达乐观的心态，就能成为一个远离尘世、无视功名利禄、无谓贫富贵贱、热爱生活、笑对人生的人。

一次，孔子带着学生去郊外散步，看见一位老者在田里捡麦穗，还哼着小曲，子贡问道："老伯，你这么大年纪，还在田中捡麦穗，真可怜啊，怎么还唱歌呢？"老人笑着说："我的快乐在你们心里是忧虑，我虽然贫穷，但我心安理得，所以我没有烦忧，心里有的只是欢乐，自然唱着歌。"人遇到困惑，如能想得开、拿得起、放得下，最为可取。北宋大文学家苏轼被贬到海南时，赋诗曰："参横斗转欲三更，苦雨终风也解晴，云散月明谁点缀？天容海色本澄清。空余鲁叟乘桴意，粗识轩辕奏乐声。九死南荒吾不恨，兹游奇绝冠平生。"这是何等的洒脱大气、磊落胸怀，又是何等的豁达乐观！

英特尔公司总裁安迪·葛鲁夫曾是美国《时代》周刊的风云人物。在20世纪70年代，他创造了半导体产业的神话，很多人只知道他是美国巨富，却不知道，他的人生也有鲜为人知的苦难经历。

那是安迪·葛鲁夫第三次破产后的一个黄昏，他一个人漫步在家乡的河畔。他从早早去世的父母，想到了自己辛苦创下的基业一次次的破产，内心充满了阴云。悲痛不已的他在号啕大哭一番后，正望着滔滔的河水发呆，他想如果他就这样跳下去的话，很快就会得到解脱，世间的一切烦愁都与他无关了。

突然，对岸走来一位憨头憨脑的青年，他背着一个鱼篓，哼着歌从桥上走了过来，他就是拉里·穆尔。安迪·葛鲁夫被拉里·穆尔的情绪感染，便问他："先生，你今天捕了很多鱼吗？"拉里·穆尔回答："没有啊，我今天一条鱼都没捕到。"拉里·穆尔边说边将鱼篓放了下来，果然空空如也。安迪·葛鲁夫不解地问："你既然一无所获，那为什么还这么高兴呢？"拉里·穆尔乐呵呵地说："我捕鱼不全是为了赚钱，而是为了享受捕鱼的过程，你难道没有觉得被晚霞渲染过的河水比平时更加美丽吗？"一句话让安迪·葛鲁夫豁然开朗。于是，这个对生意一窍不通的渔夫拉里·穆尔，在安迪·葛鲁夫的再三央求下，成了英特尔公司总裁安迪·葛鲁夫的贴身助理。

很快,英特尔公司奇迹般地再次崛起,安迪·葛鲁夫也成了美国巨富。在创业的数年间,公司的股东和技术精英不止一次地向总裁安迪·葛鲁夫提出质疑,那个没有半点半导体知识、毫无经商才能的拉里·穆尔,真的值得如此重用吗?

每当听到这样的问题,安迪·葛鲁夫总是冷静地说:"是的,他确实什么都不懂,而我也不缺少智慧和经商的才能,更不缺少技术,我缺少的只是他面对苦难的豁达心胸和面对人生的乐观态度,而他的这种豁达心胸和乐观态度总能让我受到感染而不至于做出错误的决策。"

一个没有半点高科技知识和技术的渔夫转眼之间成为巨富的贴身助理,并不是因为他有什么特殊的技能,而仅仅是因为他的乐观豁达能感染别人。而事实证明,他的这种态度也对周围的人起到了积极的作用。

可见,乐观豁达的态度无论对于我们自己,还是生活在我们周围的人,都能带来积极的情绪,带来成功。思维心理学专家史力民博士指出:"乐观是成功的一大要诀。"他认为,失败者通常有一个悲观的"解释事物的方式",即遇到挫折时,总会在心里对自己说:"生命就这么无奈,努力也是徒然。"由于常常运用这种悲观的方式解释事物,无意中就丧失了斗志,不思进取了。

有人说,性格决定命运,这句话不无道理。男孩们,你在羡慕成功者的同时,是否也曾考量过自身是否具备这种品质呢?

西点启示

世间万象,变幻莫测,只要有一种豁达乐观的心态,就能以不变应万变。凡事豁达乐观,纵然身外风雪严寒,心中永远是春天。

早期诱发理论认为,人的性格是在后天的环境中逐步形成的,乐观的性

格可以通过实践逐步培养，悲观的性格也可以在实践中逐步改塑。那么，男孩们，你该如何逐步培养自己乐观的性格和豁达的态度呢？

1. 坚持微笑待人

俗话说：笑一笑，十年少。笑可以使肺部扩张，促进血液循环，让人活得更轻松。

2. 学习运用幽默

幽默是能在生活中发现快乐的特殊的情绪表现，可以从容应付许多令人不快、烦恼，甚至痛苦、悲哀的事情。

3. 忘却不愉快的经历和事情

4. 培养兴趣爱好

培养广泛的兴趣与爱好，既充实生活，保持心情愉快，又可以作为化解紧张情绪的手段。

★涵养愈高，心就愈发宽容

生活中，我们常说要待人宽容，那么，具体来说，什么是宽容呢？宽容即允许别人自由行动或判断；耐心而毫无偏见地容忍与自己的观点或公认的观点不一致的意见；宽大有气量，不计较或不追究。可见，宽容能体现一个人良好的修养，高雅的风度。它是仁慈的表现，超凡脱俗的象征，任何的荣誉、财富、高贵都比不上宽容。宽容地面对生活、面对人生，才会使自己拥有一个平静从容的生活，才能使自己活得更轻松、更洒脱。宽容别人，其实就是宽容我们自己，多一点对别人的宽容，我们的生命中就多了一点空间。宽容是一种境界，宽容和其他修养一样，不是一蹴而就能得来的，需要人们不断“修炼”。

生活中的每个男孩都要以做到不断“修身”，使得自己的内心变得豁达、宽容，做到知识、能力与涵养兼备，才是成功的人生。

在男孩们向往的西点军校，本科教育不仅重视知识、学术、能力的传授，更重视培养人的品格、品质、品行和品德。对于西点来讲，没有知识的人是愚蠢的，没有勇气的人是可悲的，没有体魄的人是可怜的，没有品德的人则是危险的！同样，男孩们，你也要重视自身的品格教育、毅力培育和自我修养，毕业后才能胜任工作。

中国儒家认为：“君子不可以不修身。思修身，不可以不事亲。思事亲，不可以不知人。思知人，不可以不知天。”包容是以德感化他人，体现一种关怀体谅，严以律己，宽以待人。

明朝时的杨翥，平日持身谨慎。有一天晚上做梦，梦到自己在一个园林之中游览，顺手就摘下了树上的两颗李子来吃。醒了之后，他就痛责自己：“这是因为我平时对于义和利认识不够清楚的缘故，才会在梦中梦到了偷吃人家园子里种的李子啊！”他从此更加严格修身。

他的一位邻居，每逢雨天，便将自家院子里的积水排放到杨翥家的院中。家人告知杨翥，他却劝解家人说：“总是晴天的日子多，落雨的日子少。”邻居知道后被杨翥的忍让所感动。杨翥任礼部尚书时，有一次他家宅院的地基被一位邻居占去三尺，家人为此与对方发生争执，并希望杨翥出面干预，而杨翥一笑了之，并提笔写诗作答：“余地无多莫较量，一条分成两家墙，普天之下皆王土，再让三尺又何妨。”杨翥礼让、谦和的气度感化了邻居，非但不再争执，反而主动多让三尺，形成一条六尺宽的胡同。“六尺巷”的故事也一直流传至今。

任何一个人的行为、处世方式等，都体现他的涵养。男孩们如果想获得这种涵养，就需要和杨翥一样，在日常生活中多反省自己的行为，并从小事做起，做到宽容待人，不与人争。这样，别人也会以宽容来回报你。

男孩们学会了宽容，也便学会了做人。历代圣贤都把宽恕容人作为理

想人格的重要标准而大加倡导。《周易》中提出“君子以厚德载物”，荀子主张“君子贤而能容罢，知而能容愚，博而能容浅，粹而能容杂”。学会了宽容，同样也是学会了处世。世间并无绝对的好坏，而且往往正邪善恶交错，所以我们立身处世有时也要有清浊并容的雅量。佛家有云：“精明者，不使人无所容。”我们常说的“得饶人处且饶人”，也是这个道理。事实上，宽容并不代表无能，却恰恰是一个人卓识、心胸和人格力量的体现，即所谓“海纳百川，有容乃大”。

法师的宽容带给了大汉觉悟，教会他用一颗宽容的心去对待别人。宽容是一条环环相扣的纽带，让我们彼此相连，让我们认清彼此，珍惜生命。宽容不仅需要“海量”，更是一种修养促成的智慧，事实上只有胸襟开阔的人才会自然而然地运用宽容。

一只脚踩扁了紫罗兰，它却把香味留在那脚跟上，这就是宽容。宽容是一种修养，一种处变不惊的气度，一种坦荡，一种豁达。荷兰斯宾诺沙说过：人心不是靠武力征服，而是靠爱和宽容大度征服的。宽容如阳光般亲切、明亮、温暖，宽容也确实让人难忘。

那么，男孩们该怎样修炼自己的宽容之心呢？

1. 树立换位观

在交往中，如果与人产生了摩擦，应当把自己和对方所处的位置关系交换一下，站在对方的立场上，以他的思维方式或思考角度来考虑问题。这样，当你本来想发怒的时候，通过换位思考，你的情绪就会变得平静下来；当你觉得对方不可理喻的时候，通过换位思考，你会真切地理解他此时此刻的感受。通过换位思考，你也会变得宽容。

2. 常反省

任何一种品质和修养都是在不断改正与积累中形成的。你不妨每天问自己:今天我因为心胸狭窄与人争执了吗?我还有哪些地方做得不好?经常这样问自己,你的心便会越来越宽广!

第9章

有勇有谋，用开阔的思维适应一切

——像西点军人一样思路宽广，智勇双全

古语曰："勇敢的人是世界上最机智的人，因勇敢而敢于探索，因机智而敢于发现。"这不是句空话，事实的确如此。西点毕业生杰夫·钱皮恩说："费很大力气而不肯动脑的人，是另一种意义上的懒汉。"西点的每个成功人士、爱国将领乃至每个学员都不是光有勇气没有智谋的莽夫，他们的成功也证明了这一点。男孩们敬仰西点人的勇气，但同样也要学习他们的智慧。无论是工作中还是生活中，无论做什么事，都要用头脑指导行动，有勇气、够努力是好事情，但是这是远远不够的，还要多动脑，多思考，这样才能真正做出成绩。那么，从现在开始，就用你睿智的头脑编织一个成功的梦并为之努力吧！

★有勇有谋，智慧赢取人生

每个人都要有勇气。当今社会，知识和信息更新速度之快，更要求我们每个人敢想敢做，也只有勇者才能事事在先、时时在前、跟近社会、做时代的弄潮儿。年轻的男孩们若想在当今的社会立足，有所成就，就要不畏惧风雨，不怕挫折，不惧坎坷。但勇敢不等于鲁莽，不等于粗野，它是一种骨气，是一种真正的浩然正气。因此，你不仅需要勇气，还需要智谋，还要有头脑，审时度势，运筹帷幄，决胜千里。

西点毕业生杰夫·钱皮恩说："肯于费很大力气而不肯动脑的人，是另一种意义上的懒汉。"

西点教官普林斯认为，人类的一切进步想必都出自懒汉们想少走几步路的良苦用心的结果。普林斯教官举例说，一百多年前，有个叫汉弗莱·波特的少年，人家雇他坐在一台讨厌的蒸汽发动机旁边，每当操纵杆敲下来，就把废蒸汽放出来。他是个懒汉，觉得这活儿太累人，于是在机器上装了几条铁丝和螺栓，这样阀门就可以靠这些东西自动开关了。这么一来，他不但可以脱身走掉，玩个痛快，而且发动机的功率立刻提高了一倍。他懒惰而想获得轻松的做法却令他发现了经复式发动机活塞的原理。

西点的每个成功人士、爱国将领乃至每个学员都不是光有勇气没有智谋的莽夫，他们的成功也证明了这一点。男孩们敬仰西点人的勇气，但同样也要学习他们的智慧。工作中努力是好事情，但是光努力是不够的，还要多动脑，多思考，这样才能真正做出成绩。

三国勇将关羽，跨下赤兔胭脂马，掌中青龙偃月刀，过五关，斩六将，温酒斩华雄。他是位勇者，更是位智士。一次，猛将周仓寻关羽比武，来到江

边，比试力气。关羽让周仓掷一根稻草过江，周仓用尽了力气，稻草仍然落在江中。关羽手捻须髯，微微一笑，顺手拿起一捆稻草，一用力，飘然过江。结果，周仓心服口服，甘愿为关羽牵马镫镫。

关羽的故事再次告诉男孩们，只有勇气是不够的。有勇有谋，才能获胜，更是成功者所必备的条件。

生活中，我们经常会发现有这样两种人；第一种是埋头苦干，但始终不见成效的人；第二种人则能轻松地完成任务，赢得荣耀。即使是同一项任务，后者也可以不费吹灰之力，其中的关键，就在于后者用大脑在工作，想方法去解决问题。只有在工作中主动想办法解决困难、问题的人，才能成为任何公司和单位中最受欢迎的人。

石油大王约翰·洛克菲勒幼年时过着动荡不安的生活，他跟随父母搬迁过好几个地方。他 11 岁时，父亲因一桩诉讼案而出逃。父亲"失踪"后，11 岁的洛克菲勒就担起了家里生活的重担。

后来，洛克菲勒在商业专科学校学习了三个月，学会了会计和银行学之后，就辍学了。从学校出来，他到休伊特·塔特尔公司做会计助理。他把工作当成了学习的机会。洛克菲勒认真地听休伊特和塔特尔讨论有关出纳的问题。每次在公司交水电费的时候，老板只看总金额，洛克菲勒却要逐项核查后才付款。一次公司高价购买的大理石有瑕疵，洛克菲勒巧妙地为公司索回赔偿。休伊特很欣赏他，就给他加了薪。

一次，洛克菲勒从一则新闻报道中得知由于气候原因英国农作物大面积减产。于是他建议老板大量收购粮食和火腿，老板听从了他的建议。公司因此而获取了巨额的利润。洛克菲勒要求加薪，遭到了休伊特的拒绝。于是洛克菲勒离开公司决定创业。

洛克菲勒只有 800 美元，而创办一家谷物牧草经纪公司至少也得 4000 美元。于是他和克拉克合伙创业，每人各出 2000 美元。洛克菲勒想办法又筹集了 1200 美元，才凑够了 2000 美元。这一年，美国中西部遭受了霜灾，农

民要求以来年的谷物作抵押,请求洛克菲勒的公司为他们支付定金。公司没有那么多资金,洛克菲勒从银行贷款,满足了农民的需要。经过一年的苦心经营,公司获利4000美元。

而如今,洛克菲勒公司的53层摩天大楼坐落在美国纽约第五大道上。这里也是标准石油公司的所在地。标准石油公司创立之初仅有5个人,而今天该公司拥有股东30万,油轮500多艘,年收入已达五六百亿美元。可以说,这里的一举一动牵动着国际石油市场的每一根神经。

世界首富比尔·盖茨把洛克菲勒作为自己唯一的崇拜对象:“我心目中的赚钱英雄只有一个名字,那就是洛克菲勒。”有人说:“美国早期的富豪多半靠机遇成功,唯有约翰·洛克菲勒例外。”因为他懂得用智谋取胜,有一双发现机会的慧眼。他从为别人打工开始,就显示了与众不同的智慧。后来他又从“英国农作物大面积减产”这一信息中发现了巨大的商机而发了财。只有全身心地投入到工作中,不断思考怎样把工作做好的人,才能拥有一双发现机会的慧眼。

西点启示

工作中努力、敢闯敢做是好事情,但是光靠勇气和努力是不够的,还要多动脑,多思考,这样才能真正做出成绩。

那么,男孩们从现在开始,无论做什么事,都用心、用脑去做吧。对此,你需要这样做。

1. 注意方法

西点军校布莱德雷说:“不仅要达到目的,更要注意方法。”要善于观察、学习和总结,仅仅靠一味地苦干,只埋头拉车而不抬头看路,结果常常是原地踏步。

2. 学会思考

在做事的过程中我们一定要学会思考。在这个变化剧烈的时代，过去一直遵循的行事方式很可能不再是指引未来行动的金科玉律，而要发现这一点，再也没有什么方法比努力思考、多提问题更好的了。

★环境不变，转变思路

人们常说“没有谁能随随便便成功”，这句话是说，成功需要很多因素。而我们又发现，任何一个成功的人，他之所以成功的原因并不是都来自他本人自身的勤奋，而是他那种善于发现某种人生意义的思想。任何一个有过失败的人，也并不是都因为他没有能力，而是他的思路不对。所以，任何成功起初就是有一个好的思路。男孩们，如果你对自己的现状不满意，那就转变自己的思路，重新寻找出路。

西点军校一直鼓励学员要“积极动脑、多方寻找方法”。教师们在课堂上经常给学员提供这样的案例。

一架飞机撞山失事了！成群的记者冲向深山，大家都希望能抢先报道失事现场的新闻。其中有一位广播电台的记者拔得头筹，在电视报纸都没有任何资料的情况下，他却做了连续十几分钟的独家现场报道。为什么这位记者能抢个头条呢？因为他未到现场之前，请司机预先占据了附近唯一的电话，挂到公司，假装有事通话的样子。所以当他做好现场报道的录音，跑到电话旁边，虽然已经有好几位记者等着，他却只是将录音机交给司机，就立刻通过电话对全国听众做了报道。

由此，我们不难看出，思路对我们的工作和生活有多么重要。在现实生活中，善于思考问题、善于改变思路的人，总能在困境中寻找到解决问题的

方法，在成功无望的时候创造出奇迹。洛克菲勒说过："遇到困难和问题，我们应该学会改变思路。思路一转变，原来那些难以解决的困难和问题就会迎刃而解。"

在现实生活中，很多时候，人们的痛苦都来源于不知道自己真正的出路在哪里，不知道自己到底适合干什么，从而把自己摆错了位置。如果你以相当的精力长期从事一个项目，但仍旧看不到一点进步、一点成功的希望，那么你就应该及早掉头，去寻找适合自己、更有希望的道路。

人不能改变环境，但却可以改变自己。男孩们，只要你换一种思路去对待人生，那么你的世界将无限畅达。多一种思路，就多一条出路。思路转变人生，观念影响前途。任何失败起初也是因为产生了一个坏的思路。基于现状，你必须要有一个很清晰的思路。思路直接影响着你将要做的，而你所做的又将决定你未来的发展。

有一则故事讲的是美国为宇航员研制太空舱专用笔的事情。众所周知，在外太空低温失重的状态下，宇航员在太空舱里用墨水笔写不出字。美国太空总署为了解决这个问题，专门拨出一大笔科研经费，组织了一批科研人员攻关，花了很多时间，终于研制出了一种在低温无重力下能写出字的"太空笔"，取得了不起的成就。而苏联的宇航员则换一种思路，改用铅笔，轻松地解决了在太空舱书写的问题。

无独有偶，日本有家著名的化妆品公司，由于包装流水线出了一点问题，致使有的香皂盒子里面没有装入香皂，引起了客户的投诉。该公司对此非常重视，投入了大量的人力、物力和时间，研发出了一台 X 光监视器，专门用于透视生产线上每个包装好的香皂盒。而另一家小公司也因类似问题接到客户的投诉，他们的解决方法简便得多，买来一台大功率工业用电风扇，安放在产品输送带的末端，强大的风力便将那些没放香皂的空盒吹走了。

两则故事给男孩们的启示是多方面的。有时候，灵光一现似的转换一种思路给我们带来的创新效益更让人耳目一新，就像苏联宇航员和日本小

公司，将小学生用的铅笔和工业用的电风扇派上了大用场。这样的创新思路为我们打开了创新路上的另一道门。在环境不变的情况下，转变思路，换种方式也许更容易走向成功。

西点启示

人生的危机与转机，往往只是一线之间。当一条路不好走或预料到这条道路势必进入死胡同时，就应及时悬崖勒马，转换方向，寻找另一条新的出路，这样就能让你更快到达目的地。

这一启示告诉男孩们，有时候，我们之所以会一直失败，是因为没有找到正确的思路和方法。对此，你需要谨记两点。

1. 转变观念，撞了南墙一定要回头

有人认为，坚持到底就会胜利，但前提是，你的思路是正确的。对于不适合你的路，你不要一成不变，过于死板。当你有既定目标时，一定要坚持不懈，但也不能太固执、不知变通。如果行不通的话，就要尝试着换一种方式去努力。

坚守的不一定都是正确的，舍弃的未必都是可惜的。适时转变思路，调整方向，也许就会柳暗花明，也许就会天堑变通途，成就你成功的人生。

2. 全面地分析形势，找准自己的出路

当我们陷入生活和事业的困厄中，找不到路时，便产生了困惑和茫然的感觉。此时，我们应该使自己冷静，并保持清醒，全面分析现状，然后转变思路、大胆创新，为自己开辟一条新的出路，最终才能立于不败之地。

★只要思路开阔，没有什么“不可能”

只要你思路开阔，并敢想敢做，在这个世界上没有不可能的事情。积极思考的力量是强大的。在现实生活中，每个男孩也应该用智慧指导人生，只要思路开阔，你也可以创造出辉煌。因为一个人的思路往往决定了他会向哪个方向走，而他又会向前走多远。如果缺乏好的思路，即使他再聪明、再有抱负，也会和成功失之交臂。拥有了好的思路，就能够在迷雾中看清目标，在众多资源中发现自己的独特优势。

西点人知道，成功并不是轻而易举就能获得的，但只要能够保持清醒的头脑和冷静的态度，并积极思考，就能寻找到人生的突破口，开创出事业上的一片新天地。而事实上，西点军校在教育上的成功正说明了这一点。

男孩们，如果你渴望成功，渴望获得荣誉，就不妨从现在做起，开始为你的目标积极思考吧，不要认为你办不到，不要存有消极的思想，你潜在的能力足以帮助你实现理想。

埃及人想知道金字塔的高度，但由于金字塔又高又陡，测量困难，为此他们向古希腊著名哲学家泰勒斯求救，泰勒斯愉快地答应了。只见他让助手垂直立下一根标杆，不断地测量标杆影子的长度。开始时，影子很长很长，随着太阳渐渐升高，影子的长度越缩越短，终于与标杆的长度相等了。泰勒斯急忙让助手测出此时金字塔影子的长度，然后告诉在场的人：这就是金字塔的高度。

那么，年轻的男孩们，你们的人生高度该怎样来测算呢？实际上，无论现在你处于什么样的境况，只要你不甘于现状，并积极为未来思考，寻找出路，就没有什么达不到的目标，你要相信自己，你有资格获得成功与幸福！

法国女子加布里埃·夏奈尔创立的夏奈尔服饰风靡于20世纪二三十年代，至今夏奈尔品牌仍是世界著名的品牌之一。她是服装史上一位非凡的女性，她一生中曾在两个时期准确无误地预见和把握时装潮流的趋势，两度把女性服装进行了全面革新，创造了服装史上的奇迹，成为“世界上50位最伟大的服装设计师”之一。在服装史上，如果说波烈品牌改变了妇女的装束，那么夏奈尔品牌则真正引领了20世纪时装的变革。

夏奈尔生于一对贫穷夫妇家中，父亲是小贩，母亲是牧家女。母亲在生下第五个孩子的第二年就去世了。那一年夏奈尔才12岁。父亲把孩子们留给别人照料，只身到了美国闯荡。在随后的日子里，夏奈尔受尽了屈辱。痛苦的经历使夏奈尔产生了摆脱贫穷的强烈渴望。她性格刚毅，卓尔不群，什么都敢试一试。夏奈尔的“胆大妄为”，让她成了服饰潮流的领跑者。

夏奈尔有着倔强、不安定的天性和爆炸性的创造力。据传，她在一次操作加热炉时，炉子突然爆炸而烧去了她几绺长发，她索性拿起剪刀把长发剪成了超短发型。在她走进芭蕾舞剧院之后的第二天，巴黎的贵妇们纷纷找理发师给她们剪“夏奈尔型”发型。这种创新力，是她事业的灵魂。

夏奈尔作为历史上一位最伟大与最具影响力的高级时装设计师，总是走在时装界的前列。在过去的近100年中，无论是在时装设计上，还是在对待人生的态度上，她都是女性追求的先导和典范。因为夏奈尔能把握住时代的脉搏。诚如她所言：“某一个世界即将消失的同时，另一个世界也正在诞生，我就在那个新的世界。机会已经来临了，而我也掌握住了，我和这个新世界同时诞生。”她自豪地说：“我是第一个生活在这个世界里的人。”战后的巴黎不再犹豫，服装简洁了，裙子短了，发式短了，夏奈尔的运动衫、项链、色彩恰是20世纪20年代的典型风范。

的确，正是夏奈尔的“胆大妄为”，让她成了服饰潮流的领跑者。身处不幸童年中的她如果甘于现状，不为改变命运而寻找出路的话，估计她也无法创造出现今的夏奈尔品牌！

那么,很多人也处于贫贱之中,为什么没能做出什么成就?如果一个人屈服于贫贱,那么贫贱将折磨他一辈子;如果一个人性格刚毅,敢于尝试,不怕冒险,他就能战胜贫贱,改变自己的命运。而在现实生活中,善于思考问题、善于改变思路的人总能给自己赢得机遇,在成功无望的时候创造出柳暗花明的奇迹。

西点启示

我们每个人都渴望成功,但成功者往往是少数。这些少数人与众不同之处是,他们的思维不受各种条件的限制,他们敢想敢做,在确定规划后一鼓作气取得胜利。

那么,男孩们,你该如何让自己的思想开阔起来呢?

1. 具有超越“不可能”的思想观念

你对“不可能”不妨采取一种新看法,在心理上超越它,这样你就能站在高高的位置上,低头俯视你的问题。任何人想要解决问题,必须在他的思想中超越问题。这样,问题就不会显得如此令人畏惧。而且他会产生更大的信心,深信自己有能力去解决它。

2. 丰富自己的知识结构以开阔视野

在我们的日常生活和工作中,常常用视野比喻人的眼界开阔程度、眼光敏锐程度、观察与思考的深度等。可以说,视野是否开阔是衡量人的综合素质的重要标尺之一。

视野开阔与否,取决于对知识掌握的多少,取决于思想理论水平的高低。常言道,学然后知不足。勤于学习的人,越学越能发现自己的不足,于是想方设法充实自己、提高自己,学到更多的知识,视野会随之越来越开阔,并且能够跟上前进的步伐。

★释放自己，让自己自由驰骋

人们常说“年轻就是资本”。的确，年轻人应该释放自己，大胆地去设想，大胆地去做，失败了可以重新再来。而实际上，生活中有很多男孩，年纪轻轻就显得过于老成，让自己的思想被所谓的危险意识束缚，让自己的手脚被条条框框束缚而不敢释放自己，而最终他们也只能碌碌无为。所以，任何成功都源于改变自己，只有不断地剥落自己身上的缺点，才能实现自己的进步、完善、成长和成熟，只有随时自省、勉励自己、努力扬长避短、发挥自己的潜能，才能具备成功的资本。

而实际上，做到释放自我并不是一件易事，因为我们每一个人都有一个固定的思维方式。在这个思维方式中，我们所有的想法、做法都是在一定的范围内的，而在我们所定的这个范围之外还有很大一片天地，我们只是没有尝试去体验外边的世界。所以说我们要学会打破传统及固有思维方式，去尝试一些我们从来没有运用过的方式来解决一个问题，这样我们会做得更好。

男孩们敬仰的西点人正是放飞思想取得成功的最好例证。西点人用亲身实践证明，面对改变的客观世界，每个人也应该不断改变思想，改变自己，否则总是停留在过去安逸的状态，必将遭到淘汰。

实际上，一旦进入西点，就必然置身于不断的改变之中，如行为规范、着装要改变，人际关系的处理方法要改变等。这种改变是强加的，只能被动地接受，当然，也可以主动地改变自己，去适应潜在的改变。

一个懂得不断改变自己的人，往往能及时适应客观世界的改变，并抓住发展的机会，在变革中求生存，并最终成就一番事业。事实上，那些敢于尝

试的人,并没有什么聪明才华,但他能够在一生中有所建树,有时甚至是惊人的成就,无非是因为他们使自己变成了击不倒的具有竞争力的人。

相比之下,那些被思维定式束缚的人,不善于变通的人,纵有一身过硬的本领,也会因为不懂得因时因地变通,而无法捕捉和把握稍纵即逝的机会,从而无法成功。

1918 年第一次世界大战时,法国的第六师师长泰勒上校的处事方式非常令人钦佩。一次当他的儿子向他告别时,他说:"孩子,记住:你的姓是泰勒,泰勒这个姓代表着做事能力。你永远不可以靠边站,让出路给其他敢于冒险的人走。你要冒险向前使他们让出路来给你走。大街上行人拥挤,交通阻塞。但呼啸的消防车飞驰而过时,大家都自动地让出路来。当然你偶尔也会感到沮丧、软弱,但这正是你需要鼓起战斗勇气的时刻。只要你迈步向前,沮丧、软弱都会躲开你。"

勇敢地尝试新事物,可以发现新的机会,使你迈进从未进入的领域。生命原本是充满机会的,千万别因放弃尝试而错过机会。

有时候,动物在生命受到威胁的时候,也会积极思考,为自己寻找出路,而不是坐以待毙。

老鹰是世界上寿命最长的鸟类,它的年龄可达 70 岁。要活那么长的寿命,它在 40 岁时必须做出困难却重要的决定。

当老鹰活到 40 岁时,它的爪子开始老化,无法有效地抓住猎物。它的喙变得又长又弯,几乎碰到胸膛。它的翅膀变得十分沉重,因为它的羽毛长得又浓又厚,使得飞翔十分吃力。

它只有两种选择:等死或经过一个十分痛苦的"重生"——150 天漫长的操练。

它必须很努力地飞到山顶,在悬崖上筑巢。停留在那里,不能飞翔。老鹰首先用它的喙击打岩石,直到完全脱落,然后静静地等候新的喙长出来。它会用新长出的喙把指甲一根一根地拔出来。当新的指甲长出来后,它们

便把羽毛一根一根地拔掉。5个月以后，新的羽毛长出来了。

动物尚且能做到，我们人类呢？新世纪的男孩们，你也应该跨越传统思维的障碍，应该时时刻刻寻求新的变化，并敢于释放自己，去努力拼搏一番。事实证明，如果能够跨越传统思维障碍，掌握变通的艺术，你就能应对各种变化，在变化中寻找到新的机会，在变化中获取新利益。

西点启示

在我们的生命中，有时候必须做出困难的决定，开始一个新的过程。只要我们愿意放下旧的包袱，愿意学习新的技能，我们就能发挥自己的潜能，创造新的未来。我们需要的是自我改革的勇气与再生的决心。

这一启示告诉男孩，要想获得一番成就，就必须解放思想，从而释放自己。对此，你需要做到两点。

1. 打破现有的安逸假象

一个人不愿改变自己，往往是舍不得放弃目前的安逸状况。而当你发觉不改变是不行的时候，你已经失去了很多宝贵的机会。所以，聪明的西点人总会主动打破现有的安逸假象，努力改变自己、更新自己，迎接新的开始。

2. 释放自己并不等于放任自流

无疑，有人会因为释放自己而收获精彩的人生，但也有人会因为追求安稳而碌碌无为，还有人会把释放变成了放任自流，在外面世界经历太多无奈与艰难。面对越来越多的年轻人不敢“释放自己”，我们不禁要问，到底是他们不勇敢，还是外面太不安全？实际上，释放自己并不等于放任自流，坚持自己的原则，坚持自己的信念和梦想，不被世俗冲淡热情，你同样能收获幸福和成功！

★适者生存，灵活思考就能立足

“物竞天择，适者生存”，这是自然界生物进化的基本规律。在这个变化、竞争的时代，如果你能适应这种变局，你就是生活的强者，反之，你就会面临巨大的危险。如果不能适应变化和竞争，无论你看起来多么强大，都会有被淘汰的危险。其实谁都明白这个道理，谁都想从残酷的竞争中脱颖而出，成为时代的强者。但真正做起来却很难，需要我们及时调整思维，头脑灵活，积极适应不断变化的外界环境。年轻的男孩们，如果你希望自己能适应现在的工作、生活乃至整个社会环境，你需要明白“适者生存”这个道理，并要积极思考，随时调整自己。只有这样，你的梦想和目标才有可能实现，你才会收获成功和幸福！

男孩们敬仰的西点人都是有着超强的适应力的。西点女学员同样如此。1975年，出于妇女解放运动的压力，西点军校开始制订招收女学员的计划。一个新时代到来了。1976年6月，从600多名报考者中筛选出来的111名女学员跨进了西点军校的大门。著名的“绵长的灰线”又增添了新的血液。

西点军校决心让这批女学员适应军校的日常生活。按计划，这些女学员将根据她们所学专业的要求参加北极探险、丛林战训练和跳伞训练。她们还要学习各种武器，并与男学员一起进行恶劣自然条件下的适应训练。课程中唯一不同的是用日本柔道和徒手自卫术代替拳击和摔跤。

西点校规里增加了新内容：女学员的头发必须剪短，打扮只能是最低限度的，而且必须朴素大方。允许所戴之物仅是一块手表和一枚戒指，禁止戴发带、发夹和耳环。女学员两人同住一室，不许男女同居。女厕所要装门，

洗澡间要挂窗帘。

经初步训练，女学员的淘汰率达31%，比安纳波利斯海军军官学校和斯普林斯空军军官学校的淘汰率高出约50%。第一学期结束时一名男学员和一名女学员在基础课考试中并列第一。经过实践，西点军校决定，今后将继续执行为常规军培养职业军官的男女同训的教育计划。

这些女学员一旦进入西点军校，也必须和男学员一样不断适应各种高强度的训练生活和长达四年军旅生涯。能让这些女学员们坚持下来并取得优异成绩的动力就是不断更新的思维，因为她们知道，要适应未来社会并有所成就，就要适应西点军校的生活。

的确，男孩们，如果你不能适应社会，你就将会被社会淘汰，成为落后者。人如果没有适应环境的本领，情绪将陷入迷茫，生活将会处在一种障碍重重的境界中。生活其实就是一面变幻莫测的魔镜，看你想如何变。如果你总是想着生活不如意，那么不顺心的事就会像妖魔出洞一样全向你袭来。如果你能适应变化的环境，调控好自己的情绪，变幻的魔镜将会使你摆脱挫折，越过障碍，远离烦恼。迎接你的将是灿烂的阳光、美丽的鲜花。你的心情也将会随之变得轻松愉悦。

不断完善、不断追求完美则是一个人乃至一个民族不断进步的动力。这个世界对于只知道遵守规则的人来说，到处都是难以跨越的鸿沟，处处都有无法突破的阻力。只有善于思考、巧于变通的人才是有创造能力的人，对于善于变通思考的人来说处处都充满了机会。

西点启示

一个人之所以能够迈出众人的行列，一半在于他的努力与智慧，一半在于他恰逢时机地打破了常规。如果你在一个偶然的或者必然的场合，采取

某种方法或手段，突然显示出自己的思想、能力和才干，你就会脱颖而出，你就会赢得别人的注意。

可见，男孩们，如果你做什么事情只会做"规定动作"，而不能突破自我、超越别人，就难以在激烈的角逐中夺魁。而要摆脱和突破一种思维定式的束缚，常常都需要付出极大的努力。

1. 头脑要灵活

善于适应环境表现了人的头脑灵活性。头脑灵活能调节与环境的关系，优化自己的心境和情绪，促进自己内在发展的动力。

2. 不苛求自己和他人

不苛求，就是要做到情感和生活上的超脱，不为小利小益局限自己的思维。一个人如果能眼光长远，必定能做到思维独到。

★别被定式禁锢自己的思想

生活中，我们经常说要打破思维定式。这里的思维定式，就是按照积累的经验教训和已有的思维规律，在反复使用中形成的比较稳定的、定型化了的思维路线、方式、程序、模式。定式思维有时有助于解决问题，有时会妨碍问题的解决。

有人说，世界就如同一个棋盘，而人就像一个"卒"，冲过"楚河汉界"之后方可横冲直撞，实现自己的人生价值。每个人都被一个无形的界限约束着、限制着，有的人不敢突破界限，只是规规矩矩在界限内生活、工作，最终也只是碌碌无为、平庸一生。而有的人却最敢于突破界限，摆脱那些繁文缛节的束缚，因而他们也欣赏到了外界不一样的风景，领略了不一样的精彩，活出了非同寻常的精彩人生。新时代的男孩们，要想拥有别样的人生，就要

冲破思维界限、放飞自己的思想，继而发挥年轻人丰富的想象力和创新力。

西点人认为，对于困难，不能以一成不变的方法去面对，要尝试着用新的方法去应对。只有勇敢地去创新，才能赢得发展的机会，赢得生存的机会。

的确，我们应该努力从僵化的思维方式中走出来，积极倡导创新的思想。如果一味恪守前人的经验，就会使自己的思维陷入僵硬的死框框，从而在固定不变的思维方式中失去机遇，最终给生活与事业带来无法弥补的损失与影响。

美国科普作家阿西莫夫从小就聪明，年轻时多次参加"智商测试"，得分总在160分上下，属于"天赋极高者"之列，他一直为此洋洋得意。有一次，他遇到一位汽车修理工，是他的老熟人。修理工对阿西莫夫说："嗨，博士！我来考考你的智力，出一道思考题，看你能不能回答正确。"

阿西莫夫点头同意。修理工便开始说题："有一位既聋又哑的人，想买几根钉子，来到五金商店，对售货员做了这样一个手势：左手两个指头立在柜台上，右手握成拳头做出敲击的样子。售货员见状，先给他拿来一把锤子，聋哑人摇摇头，指了指立着的那两根指头，于是售货员就明白了，聋哑人想买的是钉子。聋哑人买好钉子，刚走出商店，接着进来一位盲人。这位盲人想买一把剪刀，请问：盲人将会怎样做？"

阿西莫夫顺口答道："盲人肯定会这样。"说着，伸出食指和中指，做出剪刀的形状。汽车修理工一听笑了："哈哈，你答错了吧！盲人想买剪刀，只需要开口说'我买剪刀'就行了，他干吗要做手势呀？"

智商160的阿西莫夫，这时不得不承认自己确实是个"笨蛋"。而那位汽车修理工人却继续说："在考你之前，我就料定你肯定要答错，因为你受的教育太多了，思维都限定在框里了。"

这里，修理工所说的"你受的教育太多了，思维都限定在框里了"，并不是因为学的知识多了人反而变笨了，而是因为人的知识和经验多了，会在头

脑中形成较多的思维定式。

的确,年轻人文化知识丰厚,但不要让这些既定的知识限制自己的思维,要敢于想象,敢于尝试。我们都知道吉尼斯世界纪录,它激励人们勇于超越思维的界限,它的创建者懂得突破“界”后的乐趣与精彩。有了吉尼斯,也便有了身体上的、思想上的界限被不断突破。那么,男孩们为什么不发挥吉尼斯所要求的这种精神呢?

著名撑杆跳运动员布勃卡有句名言:“纪录就是用来打破的。”多么狂妄而又令人心潮澎湃啊!他不断打破自己创造的纪录,不断突破人们心目中运动的界限。因为陶醉于突破人体的界限,他没有高处不胜寒的孤寂,他忘记了身体上的劳累与痛苦,他创造了一个又一个不可思议的纪录,突破了公认的体力界限。在挑战与突破的过程之中,他自然也就有了非凡的撑杆跳成绩,有了别人无法比拟的超高水平。摆脱不了思想的禁锢,人们永远也不可能有进步。

因此,男孩们,从现在起,当你的思维遇到障碍,陷入困境,难以再继续下去的时候,往往都有必要认真检查一下:我们的头脑中是否有某种定式思维在起束缚作用,我们是否应该换个角度去看问题了。

西点启示

固定的思维方式容易把人的思维引入歧途,也会给生活与事业带来消极影响。要改变这种思维定式,需要随着形势的发展不断调整、改变自己的思想。任何一个有创造成就的人,都是战胜常规思维的高手。

而实际上,一个人的思考陷入某种思维定式大都是不自觉的,而要摆脱和突破这种定式思维的束缚,常常需要自觉地付出努力。为此,需要男孩们做到以下几点。

1. 培养质疑能力

年轻人应该保持对未知事物的好奇心，做到博学而不浮躁，专注而不死板，打下良好的基本功才能有所创新。

2. 展开想象的翅膀

在这个科技飞速发展的社会，没有什么是不可能的。没有做不出来的东西，只有想不出来的东西。只要你敢想，理想就能变成现实。

3. 不断地尝试

很多新事物都是在不断的尝试中摸索出来的。鲁迅有一句名言："其实地上本没有路，走的人多了，也便成了路。"我们寻找道路的过程，实际上就是不断尝试的过程。在尝试的过程中，必然会面临很多的挫折，千万不要被挫折打败。

我们要欣然面对失败，并且坚持自己的想法，哪怕只是为了验证这些想法并不可行。一遍又一遍，直到最终发现自己的想法原来是行得通的。我们在尝试中总结经验，不断进步，而任何事情，浅尝辄止是不会有所成就的。

★智取比鲁莽拼勇更得胜算

成功取决于思考和智慧。蛮干之人，没有思想，不管付出多大代价和牺牲，也难以成功。"我做的是小生意，但却赚了大钱，这是为什么呢?"美国著名企业家吉列说，"因为我懂得小生意做大的诀窍。"这是对凭智谋财的最好诠释。智是一种识见，勇是一种胆魄。有谋无勇，会因缺乏胆魄而夭折。有勇无谋，也将会因缺乏智慧而失败。当然，狭路相逢勇者胜，勇也是不可或缺的。但自古以来，无数历史事件证明：智取比鲁莽拼勇更得胜算。生活中

的每个男孩,如果你也渴望成功,希望获得良好的机会,那么你就要学会用智慧指导行动。要知道,机遇是个挑剔的女神,只垂青于肯动脑筋、爱用智慧的人。没有全面的素质和一双洞察机遇的眼睛,又怎么能够开启成功创富的源泉呢?

在西点军校存在这样一条竞争准则:勤于思考,以智取胜。西点鼓励学生尽量多动脑,少出力。做一个军事指挥官,并不是只要雄赳赳、气昂昂就可以了,西点的军事将领同时也要成为博学多闻的人。西点努力拓展学生的智能,让他们接受充分的思考能力的训练,在复杂的情境下也能够辨别是非对错。

西点不仅是一个培训一流军官的地方,而且是一所把大学生培养成"未来全方位领导人"的高等学府。西点被认为是培养领袖的摇篮,他不仅培养了众多的美国军事人才,还为美国培养和造就了众多的政治家、企业家、教育家和科学家。从西点走出来的校友,都是充满了智慧的。

的确,智慧是永恒的制胜法宝。世间事,尽在人为,没有什么功业是侥幸成功的。假如你有智谋、心机和本领,不管从事什么职业或事业,俱可占天时据地利靠人气求生存谋发展,以尽可能少的付出和牺牲摘取成功和财富的桂冠。没有智谋、心机和本领,就不可能适应现代生活的挑战,更谈不上运筹帷幄,决胜千里。

古罗马帝国的伟大的哲学家巴尔卡斯·阿理流士说:"生活是由思想造成的。"恩格斯也曾慨叹:"地球上最美丽的花朵是思维着的精神。"思想和智慧来自对知识不懈地追求。谁勤于培育自己的思想之花、智慧之苗,谁就能收获累累硕果。在中国,充满智慧的诸葛亮正是将智慧运用到了极致。

三国时期,诸葛亮因错用马谡而失掉战略要地——街亭,魏将司马懿乘势引大军15万向诸葛亮所在的西城蜂拥而来。当时,诸葛亮身边没有大将,只有一班文官,所带领的五千士兵,也有一半运粮草去了,只剩2500名士兵

在城里。众人听到司马懿带兵前来的消息都大惊失色。诸葛亮登城楼观望后，对众人说："大家不要惊慌，我略用计策，便可叫司马懿退兵。"

于是，诸葛亮传令，把所有的旌旗都藏起来，士兵原地不动，如果有私自外出以及大声喧哗者，立即斩首。他又叫士兵把四个城门打开，每个城门外派20名士兵扮成百姓模样，洒水扫街。诸葛亮自己披上鹤氅，戴上高高的纶巾，领着两个小书童，带上一张琴，到城上望敌楼前凭栏坐下，燃起香，然后慢慢弹起琴来。

司马懿的先头部队到达城下，见了这种气势，都不敢轻易入城，便急忙返回报告司马懿。司马懿听后，笑着说："这怎么可能呢？"于是便令三军停下，自己飞马前去观看。离城不远，他果然看见诸葛亮端坐在城楼上，笑容可掬，正在焚香弹琴。左面一个书童，手捧宝剑；右面也有一个书童，手里拿着拂尘。城门里外，二十多个百姓模样的人在低头洒扫，旁若无人。司马懿看后，疑惑不已，便下令后军充作前军，前军作后军撤退。他的二子司马昭说："莫非是诸葛亮城中无兵，所以故意弄出这个样子来？父亲您为什么要退兵呢？"司马懿说："诸葛亮一生谨慎，不曾冒险。现在城门大开，里面必有埋伏，我军如果进去，正好中了他们的计。还是快快撤退吧！"于是各路兵马都退了回去。

这就是中国人常说的"空城计"的由来，在敌强我弱的情况下，诸葛亮并没有鲁莽行事，迎战敌人，因为这样，只有一个结果，那就是失败。因此，他选择了智取的方式，采用空城一计，让多疑的敌人选择了撤军，从而保存了自己的实力。

当然，风险越大，收益越高。机遇稍纵即逝，优柔寡断，迟疑不决，将会错失良机。所以，你还需要有勇气。只有敢作敢为的人，才敢于承担责任和风险，才敢于直面困难和障碍，才能抓住机遇获得成功。

西点启示

做任何事，要想取胜，都不能鼠目寸光，急功近利，跟风冒进，而要有远大的眼光，顺应形势的要求，把握时代的脉搏和趋势，从而因势利导，采取适当的措施。

那么，男孩们，你该如何做到智取呢？

1. 勤于思考

要有智慧，就要有一颗善于思考的头脑。真正“有头脑”，指的是善思考、勤实践。一个人若不善用头脑，没有思想、智慧、远见、卓识和本领，不能算是有头脑的人。

2. 坚定信念

不要走别人走过的路，而要走没有人走过的路，并留下自己的脚印。要敢于做别人做不到的事情。当你想要突破常规，做别人没做过的事的时候，你周围的人可能会认为你异想天开，因此而嘲笑你、疏远你。这些都不重要，重要的是你做到了他人无法做到的事情，这也是现在及未来让你感到自豪的事情。

3. 挖掘潜质

你不一定要彻头彻尾地改变、否定以前的一切，你可以对自己的资源进行一次全面整合，也可以对自己未知的潜质进行挖掘。很多事实证明，那些成功的人并不一定是学历最高、最“守规矩”、最勤快的人，而是那些肯动脑筋、突破常规的人。

★逆向思维，会找到那条“不可能”的捷径

生活中，我们常常提到逆向思维，逆向思维是实现创新的重要思维方式。逆向思维，也叫求异思维，它是对司空见惯的似乎已成定论的事物或观点反过来思考的一种思维方式。敢于“反其道而思之”，让思维向对立面的方向发展，从问题的相反面深入地进行探索，树立新思想，创立新形象。当大家都朝着一个固定的思维方向思考问题时，而你却独自朝相反的方向思索，这样的思维方式就叫逆向思维。生活中，人们习惯于沿着事物发展的方向去思考问题并寻求解决办法。其实，对于某些问题，尤其是一些特殊问题，从结论往回推，倒过来思考，从求解回到已知条件，反过去想或许会使问题简单化。

生活中的男孩也要培养这种思维方式。不同的人，选择不同的思维方式，自然他们脚下的路就不一样。善于改变自己的思维，不按照常理去想问题，就会取得非同一般的成绩。有时候，当你处于某种自以为不可能的情况下时，如果你从反方向思考的话，或许你就会豁然开朗，问题变得简单得多。

里美将军的名字在美国空军中赫赫有名，他是美国战略空军的缔造人之一。对于西点学员来说，他更是学习的楷模。

在第二次世界大战期间，里美奉命参加了太平洋战区对日本的作战。当时，身为指挥将军的他领导的是当时美国最先进的飞机——B－29高空轰炸机。这种飞机性能极为优越，当然，造价也是十分昂贵的。因此美国空军司令部要求里美及其士兵要像爱护眼睛一样爱护每一架飞机。并声称，每损失一架B－29，空军司令部都要做特别调查，严惩肇事者。

如此先进的高空轰炸机，应该在战场上唱主角。但是作战效果却不尽如人意，有些飞行员不无讽刺地说："B－29 可以击中任何地方，可就是击不中目标。"原因是飞机自身存在着一些严重的技术问题。里美看到了这一情况，他陷入了深深的思考之中。在广泛听取了作战人员和一些专家的建议后，他果断地做出决定。他命令对飞机做出一些改动，从而减少了一些装备和人员，以便装载更多的弹药。他还做出了一个让内行大吃一惊的决定：命令飞机飞行高度不得超过 7500 英尺，把高空轰炸机变成了低空轰炸机。

此命令一出，里美面临着更大的压力。美国空军部长艾德诺在电话中甚至气愤地说："我们花了大笔经费制造出的高空轰炸机和先进的自卫系统将被你的一道命令毁于一旦，你这是拿飞行员的生命开玩笑，是违背命令。如果你一意孤行，我会考虑撤换你的职务。"

里美没有改变自己的决定，他要让事实来说话。事实证明，里美是正确的，低空飞机虽然存在的风险较大一点，但是能准确地炸到目标而不是其他任何地方。这要根据敌人的防空火力有准确的估计而定。

的确，生活中，似乎人们都习惯了以顺向思维来思考问题，而这种思维方式在很多时候会把我们的思绪带入死胡同，于是就产生了"不可能"。但如果我们把思维反向，就会发现，从另一个方向出发思考，原来问题如此简单。

我们再来看一个关于逆向思维的经典小故事。

加里·沙克是一个具有犹太血统的人，退休后，他在学校附近买了一间简陋的房子。住下的前几个星期还很安静，不久有三个年轻人开始在附近踢垃圾桶闹着玩。

老人受不了这些噪声，出去跟年轻人谈判。"你们玩得真开心。"他说，"我喜欢看你们玩得这样高兴。如果你们每天都来踢垃圾桶，我将每天给你们每人一元钱。"

三个年轻人很高兴，更加卖力地表演"足下功夫"。不料三天后，老人忧

愁地说:“通货膨胀减少了我的收入,从明天起,只能给你们每人五角钱了。”年轻人显得不大开心,但还是接受了老人的条件。他们每天继续去踢垃圾桶。

一周后,老人又对他们说:“最近没有收到养老金支票,对不起,每天只能给两角钱了。”“两角钱?”一个年轻人脸色发青,“我们才不会为了区区两角钱浪费宝贵的时间在这里表演呢,不干了!”从此以后,老人又过上了安静的日子。

按照一般人的想法,肯定是用强力赶走制造噪声的人,至于是否奏效则没有保证。犹太老人用了一个看起来很傻的办法,却达到最终想要的效果。

男孩们,你做事情的时候习惯先用逆向思维去考虑吗?这个社会大多数人还是选择跟随主流方向走的,那些与人群相逆的人,常被视为不入流的人。然而,正如真理往往掌握在少数人手里一样,财富与成功也往往掌握在少数人手里。那些少数的“笨蛋”,那些从来不按套路出牌的“笨蛋”,就是他们享受着财富和成功的青睐。

西点启示

换一种思维,就会从另外一个方面判断问题,从而把不利变为有利。换一种思维方式,把问题倒过来看,不但能使你在做事情中找到峰回路转的契机,也能使你找到生活上的快乐。

关于逆向思维,男孩们需要掌握以下三大类型。

1. 反转型逆向思维法

这种方法是指从已知事物的相反方向进行思考,产生发明构思的方法。“事物的相反方向”常常从事物的功能、结构、因果关系三个方面作反向思维。比如,市场上出售的电热无烟煎鱼锅就是把原有煎鱼锅的热源由锅的

下面安装到锅的上面。这是利用逆向思维,对结构进行反转型思考的产物。

2. 转换型逆向思维法

这是指在研究一问题时,由于解决这一问题的手段受阻,而转换成另一种手段,或转换思考角度,以使问题顺利解决的思维方法。历史上被传为佳话的司马光砸缸救落水儿童的故事,实质上就是一个用转换型逆向思维法的例子。由于司马光不能通过爬进缸中救人的手段解决问题,因而他就转换为另一手段,砸缸救人,进而顺利地解决了问题。

3. 缺点型逆向思维法

这是一种利用事物的缺点,将缺点变为可利用的东西,化被动为主动,化不利为有利的思维方法。这种方法并不以克服事物的缺点为目的,相反,它是将缺点化弊为利,从而找到解决方法。金属腐蚀是一件坏事,但人们利用金属腐蚀原理进行金属粉末的生产,或进行电镀等其他用途,无疑是缺点型逆向思维法的一种应用。

★动脑再动脑,把一切积极因素利用起来

每个人渴望成功,并都希望自己能享受指点江山、激扬文字那般的酣畅淋漓。只可惜"蜀道难,难于上青天"。不经一番寒彻骨,哪来梅花扑鼻香呢?的确,人们追求成功的过程都是痛苦的,甚至会遇到困境。但有些人能克服困境,迎来曙光,而有些人却始终深陷困境,最终只能放弃。为什么会有如此区别?后者失败的原因并不在于不够努力、毅力不足等,而是归结于他没有发挥思维对行动的作用,当一种解决方法不可行的时候,他就不愿再动脑寻找其他解决方法。

男孩们，你们是早晨八九点钟的太阳，太阳那般的朝气是年轻的你们独有的、无与伦比的美丽。既然年轻，就不要停止思考。这个世界上没有任何的“不可能”，只要你充分调动自己的思维，出路总是存在的。

西点军校毕业生、美国线上前首席执行官詹姆斯·金姆塞说过：“勤于动脑、敢于创新的人，才能争取主动。”当困境出现的时候，并非一切因素都是消极的，此时你就应动脑再动脑，找出那些积极的“片段”，然后将他们重新组合，那么展现在你面前的可能就是另一番令你喜出望外的景象。可能你想不到的是，我们洗手时常用的肥皂，它的发明却是源自一次意外的创造。

故事发生在古埃及时期。一次，法老胡夫要举办一个重要的大宴会，所以他命令手下告诉厨师们，要加倍小心不能出一点岔子，否则会面临严厉的惩罚。有个十岁左右的学徒，刚进入王宫的厨房不久，其实只是来帮忙的小帮工。他跟着师傅们从早忙到晚，累得头昏眼花，也不敢坐下来休息一下。

这天，小帮工正忙得焦头烂额，一个厨师冲他喊：“我要些羊油，马上帮我送过来！”于是小帮工赶紧捧着一碗羊油走过去。也许是因为他太着急了，加上装羊油的碗很滑，小帮工刚把碗端到灶旁，“啪”的一声，碗从他手中滑落，掉在灶边的炭灰里，小帮工吓呆了，不知道该怎么办！

师傅一点也没有责怪他，悄悄说：“别怕，把破碗丢到垃圾箱里去，再把这堆炭灰清理掉，然后把手洗干净，别让人看出来。”小帮工点点头，赶紧按师傅说的做。丢碗时间很短，谁也没注意他，清理炭灰也很快，当他把混有羊油的炭灰，一把一把地捧出去的时候，大家都以为他在清理炉灶。

干完这一切，他赶紧去洗手。用水清洗的时候，手上竟然出现一些白糊糊的泛着泡沫的东西，他觉得奇怪，又用水冲了冲。哈，这回洗过的手特别干净，一点油腻也没有。他去给师傅看他的手，师傅惊讶极了。以往，厨子们最头疼的事，就是一双手整天油腻腻的，现在，小帮工的手清清爽爽，好像

还泛着一种特别的白光，别的厨子看见了，也很好奇。

于是他们想到，也许用羊油和炭灰的混合物来洗手，会有意想不到的奇妙功效。他们马上尝试，经过试验，证明了他们的想法，手上的油渍没有了。一个厨子高兴地说："多少年了，我们的手从来没有这么干净过。往常连我的孩子都不要我抱，今天回家的第一件事，就是抱着孩子不放手。"大家听了都笑起来。

后来，这件事传到法老那儿，法老特地叫来小帮工。他看到小帮工的手也感到很惊奇，便派人用羊油和炭灰做成一个个小小的球状体，供宫里的人用，效果真得很不错。法老非常满意，于是发布命令，在全国推广使用。从此，每个人的手都能洗得干干净净了。

渐渐地，这件事越传越远，用的人也越来越多。后来，科学家发现了其中的奥秘，技术又不断得到改进，主要原料用油脂和碱质，方便实用的肥皂诞生了，它不仅可以储藏，也很容易运输。

一直到现在，洗涤剂已发展成多种多样，肥皂只是其中一种了。但谁能想到，肥皂最早的出现竟是小帮工一次小小的失误。两种不容易清洗的物质羊油和炭灰组合在一起，却成了一种极好的清洗品。可见，有时候我们主观意识告诉我们的并不一定是真理。当我们发现了困境中的积极因素时，就要立即利用它们，此时它们不仅可能帮助我们渡过难关，还能产生令人匪夷所思的效用。

生活中，有些人的确很聪明，他们自以为很有智慧，但一到关键时刻，思路就"短路"，他们总是把眼光放在如何排除原有的消极问题上，而没有想到可以调动积极因素。思路不对，再有智慧也是徒劳，这时候脑筋转得越快，往往也越早碰壁。好的思维会使人生旅途充满亮光，每一种好的思维方式都是生命历程中一盏明亮的灯，引导你正确地走向成功的彼岸。

一个人在人生的各个阶段总是可能会遇到一些困难，此时，如果你能积极思考，不断改变思路，把那些积极因素充分利用起来，你总能在成功无望的时候创造出柳暗花明的奇迹。

这一启示告诉男孩们，从现在开始就摒弃过去老套的思维模式，形成良好的思维习惯。

1. 释放头脑，做到身心自由

因为只有在自由的情况下才能发挥思维的最大力量。在精神生活中，从枷锁到自由意味着什么？意味着把储藏于我们体内的所有精力做了适当而自然的解放，这些精力在通常的环境之中是被挤压、被扭曲的，因此找不到适当的途径来发挥……因此，要做到心灵自由，就是要把我们心中创造性与有益的冲动自由展示出来。

2. 把思考当成一种习惯

哈佛大学有一个理念是：一个人的成功与失败不在于他的能力和经验，而在于他的思维方式。因为思维指导行动，行动影响习惯，习惯形成品格，品格决定命运。当你充分开动你的大脑，专心致志、精益求精、持之以恒的时候，你已经具备了良好的思维习惯。

第10章

关注细节，要成功就要敏锐谨慎办事稳

——像西点军人一样明察秋毫，细腻缜密

“小事成就大事，细节成就完美”“千里之堤，毁于蚁穴”这些道理都向生活中的每个人包括做事粗心大意的男孩们昭示细节的重要性。在小事上认真的人，做大事一定成绩卓越。因为细节最能体现一个人的智慧和美德。完美的细节代表着永不懈怠的处世风格，也是一个人追求成功的资本。而相反，忽视细节也可能带来无法估计的损失。正是因为意识到这一点，西点军校才要对每一个学员进行严格的细节训练。因为在战场上，任何一个细微的错误、一个细小的疏忽都有可能导致流血牺牲，甚至使整个战局发生改变。生活中的每个男孩也应该和西点军人一样，把完善细节、关注细节当成一种习惯来培养，做好每一件小事，成功离你也就并不遥远！

★世上没有“小事”，只有“细节”

历史上，有多少文人墨客、将军战士以不拘小节自诩，认为这是能做大事的表现。实际上这种性情的表现过于刻意了。做大事诚然要目光远大，也并不是不需要注重细节问题。在特定的情况下，细节往往会被放大，成为影响事情成败的关键因素。

静下心来想一想，很多人都不难发现：我们每天跌宕起伏的工作和生活，其实都是由一连串的小事构成的。也许是因为我们目睹了太多的小事，也经历了太多的小事，所以往往感觉不到小事的存在，对它们已经变得习以为常了。由于各种小事看上去都是那么毫不起眼，因此每个人都难免在有意无意间忽略了小事的力量和价值。殊不知，工作中那些所谓的小事，既可能成为我们成功的起点，也可能成为我们失败的源头。

男孩们，无论你现在处于什么样的工作岗位，都要尽量做到工作无小事，才能在有效避免失误的同时，做到积累经验，为成功铺路。正如西点军校1949届学员、国际电话电报公司总裁兰德·艾拉斯科说过的一句话：“每一个管理者都是从底层做起的，世界上没有人天生就具有管理才能，可以掌管大局、处乱不惊，但卓越的管理才能可以通过训练获得。”每个西点人的成功都是从小事做起的。

西点军校很注重对新学员的细节训练。背诵新学员手册是西点细节训练中一个行之有效，也是行之久远的办法。这套冗长固定的新学员手册，除了记住会议厅有多少盏灯、蓄水库有多大的蓄水量，还包括日程安排。

新学员都要轮流报日程——站在走廊的时钟下面，大声清楚地报时：“距离晚餐集合还有5分钟，穿上课制服。我再重复一次，距离晚餐集合还

有5分钟……”

新学员报日程的时候，如果有任何错误，学长都会过来质问。新学员必须背诵出当天相关的信息：包括日期、值日官姓名、重要的运动或电影，距离未来的重大活动还有多少天，距离毕业典礼还有多久。“报告，距离毕业典礼还有215天。”西点学员每天都要检查服装仪容，包括皮鞋、扣环是否擦亮，上衣是否正确扎进裤子或裙子，衬衫衣叉和裤缝是否对直成一条线。

可能你会觉得这些细枝末节无关紧要，但其实这正是训练的重要内容。这些细节活动也会对你的工作精神有很大的帮助。

西点学员乔治·S·格林在“野兽营”期间，曾经有一次来回向班长报到了12次，才通过服装仪容的检查。每一次他到了班长房间，都有通不过的地方，头发没有梳好、皮鞋碰脏了、衬衫后面的衣摆露出来了、某段新学员知识没有背好等，每次都得回寝室重新整理。

细微之处能见精神。一个注重细节的人必定也是负责任的人。责任心的有无已经成为当代社会各大公司和企业用人的一大标准。男孩们，如果你能注重细节，那么你会赢得青睐和机遇的。

1949年4月，解放军进入南京时发生了一起误闯美国大使馆的“入宅”事件，为西方媒体所渲染利用。此后，解决军在入城时就非常注意影响。

1949年5月3日，陈毅和饶漱石率领一支即将开往上海的10万人的部队和接收干部暂住丹阳。晚饭后，陈毅两次徒步上街巡视，不断发现有战士到处闲逛的情况。陈毅想，要是数十万部队进驻上海，这样满街逛着，非出大乱子不可！总前委在讨论制定《入城守则》时，陈毅严格地强调两条：一是市区作战不许使用重武器；二是部队入城后一律不准进入民宅。

有些干部想不通，就问：“遇到下雨、有病号怎么办？”陈毅坚持说：“这一条要无条件执行，说不入民宅，就是不准入。天王老子也不行！这是我们人民解放军送给上海人民的‘见面礼’。”

总前委讨论《入城守则》时也一致肯定有此必要。毛泽东听后，高兴地

连说了四个“很好”:“很好！很好！很好！很好！”

这样，三野九兵团夜里攻入上海市区，第二天居民晨起开门发现解放军官兵全部露宿街头，这对中外舆论产生了极为强烈的震撼，连“美国之音”也不得不做了报道。

三野官兵露宿街头的照片、纪录片，成了极为珍贵的历史记录。据说，蒙哥马利元帅看了之后感慨地说:“我这才明白了，这支军队为什么能够打败经美国武装起来的蒋介石数百万大军。”

军纪严明是解放军一致以来的传统，“不拿群众一针一线”，每一条都是对细节问题的注意。《入城守则》特别强调的两条也是这种思想传统的认真贯彻。而在当时这个特别的环境中，这个看似细节的问题却产生了非常令人震撼的力量，可见细节被放大后就会有不可忽视的力量。

从细节做起，对于任何一个人，包括初入社会的男孩们都有意义。无论是职场还是商业中的竞争，细节的竞争却能潜移默化地发生作用。

西点启示

关注细节，就是留意身边的小事情，积极对待身边的小事情。这样，我们才能够抓住瞬间即逝的机会，实现人生的突破。

要做到关注每一个细节，男孩们就需要这样做。

1. 不要对工作挑肥拣瘦

缺乏勇挑重担的责任意识、拈轻怕重、挑肥拣瘦，甚至将责任推给他人，将矛盾和问题甩给周围的人，都是无法做到关注细节的。

2. 要有良好的工作作风和精神状态

年轻人要始终保持不甘落后、积极向上、奋发有为的精神状态，清醒地认识自己肩负的责任，切实增强时不我待、只争朝夕的紧迫感，食不甘味、寝

不安席的责任感，树立强烈的事业心和进取意识。如果把所从事的工作只当成一个混饭的营生，就很难把“小事”做好、把“细节”抓住。

3. 要有追求完美的理念

“没有最好，只有更好”，每一位男孩应该有一个追求完美的心态。“取法其上，得其中也；取法其中，得其下也；取法其下，不足道也”。只有与时俱进，以高标准来要求和保持精益求精的态度，才能创造卓越的工作业绩。

★细节往往决定成败

在市场经济条件下，每个男孩都无法逃避竞争。而如何做好工作，关键在于是否抓住了一个“小”字。也许有些年轻人总是对事物的细节不屑一顾，太自信“天生我才必有用，千金散尽还复来”。殊不知，我们普通人在大量的日子里都是在做一些小事。假如每个人能把自己所在岗位的每一件“小事”做好，做到位，就已经很不简单了。每个人能一心一意地去做事，世上就没有做不到的事，成功和完美并不是遥不可及的，而是要在点滴中去积累的。你不能一味地去追求成功、追求完美，成功和完美固然重要，但是在追求的同时我们更要把握过程，只有把每个过程中的细节做到完美，把每件小事做到完美，那么我们最终的结果一定会完美。

细节可以体现一个人在日常生活中的修养，也是评价和衡量一个人的重要因素之一。一个人的修养同时也决定了他在工作和对待事物时的态度，两者是相辅相成的。那些做事马虎的年轻人是很难有所作为的。年轻人应该养成注意细节的习惯，因为细节中往往蕴含着机会，细节往往决定着成败。

男孩们敬仰的西点人并不单单是勇气可嘉、粗犷的战士，他们同样深信

细节的力量。西点军校让所有的学生都明白，战场上任何一个细微的错误，一个细节的忽略都有可能导致流血牺牲，甚至改变整个战局。战场上无小事，细节决定成败。西点人除了能深刻明白“罗马并非一天建成的”这个道理，还深知“千里之堤，溃于蚁穴”。细节能带来成功，同时也能导致失败。细节就好比精密仪器上的一个细微的零部件，虽然只是一个细小的组成部分，但是却起着重要的作用，一旦这个“零部件”出错，那就意味着整个仪器都不能正常使用。

泰国东方饭店堪称亚洲之最，不提前一个月预订是很难有入住的机会的，而且客人大都来自西方发达国家。东方饭店的经营如此成功，他们有什么特别的优势吗？他们有新鲜独到的招数吗？回答是否定的，没有，什么都没有。那么他们究竟靠什么获得如此好的业绩呢？要找到答案，不妨先来看看一位姓王的老板入住东方饭店的经历。

王老板因生意需要经常去泰国。第一次下榻东方饭店就感觉很不错，第二次再入住时，他对饭店的好感迅速升级。那天早上，他走出房间去餐厅时，楼层服务生恭敬地问道：“王先生是要用早餐吗？”王老板很奇怪，反问：“你怎么知道我姓王？”服务生说：“我们饭店有规定。晚上要背熟所有客人的姓名。”这令王老板大吃一惊，因为他住过世界各地无数高级酒店，但这种情况还是第一次碰到。王老板走进餐厅，服务小姐微笑着问：“王先生还要老位子吗？”王老板更吃惊了，心想尽管不是第一次在这里吃饭，但最近的一次也有一年多了，难道这里的服务小姐记忆力这么好？看到他吃惊的样子，服务小姐主动解释说：“我刚刚查过电脑记录，您去年 6 月 8 日在靠近第二个窗口的位子上用过早餐。”王老板听后兴奋地说：“老位子！老位子！”小姐接着问：“老菜单，一个三明治，一杯咖啡，一个鸡蛋？”王老板已不再惊讶了：“老菜单，就要老菜单。”王老板就餐时餐厅赠送了一碟小菜，由于这种小菜王先生第一次看到，就问：“这是什么？”服务生退两步说：“这是我们特有的小菜。”服务生为什么要先后退两步呢？他是怕自己说话时口水不小心落在

客人的食物上。

原来,东方饭店在经营上的确没使什么新招、高招、怪招,他们采取的仍然是惯用的传统办法:提供人性化的优质服务。只不过,在别人仅局限于达到规定的服务水准就停滞不前时,他们却进一步挖掘,抓住大量别人未在意的不起眼的细节,坚持不懈把人性化服务延伸到方方面面,落实到点点滴滴,不遗余力地推向极致。由此,他们靠比别人更胜一筹的服务赢得了顾客的心,饭店天天客满也就不奇怪了。

东方饭店的做法令人深思。在这个竞争的年代,做什么事如果只会做"规定动作",只满足于和别人做得一样好,没有竭尽全力超越别人,没有争创一流做到极致的意念和行动,就难以从强手如林的竞争中胜出,难以在激烈的角逐中夺魁!

细节不仅对于企业很重要,对于个人同样如此。男孩们,无论你所从事的具体工作是什么,注重工作细节,讲求工作实效都是时代对你的要求,否则你将被快速发展的社会所淘汰。这是为无数事例所印证了的事实。作为这一时代的一分子,忠于职守,敬业爱岗,踏实认真地关注每一个细节,做好每一件小事该是你必须遵循的做事原则。

能否充分重视细节,直接关系到人生的成败。把握细节就是把握了关键。世界上许多伟大的事业都是由点点滴滴的小事汇集而成的。在细节上能够表现好的人,他在成功之路上一定会走得顺畅。

那么,男孩们,你该如何做到细节上的成功呢?

1. 细节上追求创新

管理学家杜拉克曾说过:"行之有效的创新,在一开始可能并不起眼。"

所以，不要以为创造就得轰轰烈烈、惊天动地，工作中的小改革，方式方法的小调整同样是一种创造。在细节处创新，检验着一个人是否有见微知著的真功夫，是否有明察秋毫的眼光，是否有细微处洞察事理的头脑。这就需要你自觉地加强学习，求知于书本，问计于群众，创新于实践，不断提高观察细节问题、从细节创新方面不断超越自我。

2. 具备吃苦耐劳的精神

不下真工夫、苦工夫，就抓不住细节。只有具备吃苦耐劳的精神，才能做到考虑细致、谋划周密。只有工作刻苦，不厌其烦地反复斟酌、推敲，能找到关键细节，使工作精益求精不断获得突破性进展。

★提高警惕，用敏锐的触角去观察

天下难事，必做于易；天下大事，必做于细。正如汪中求在《细节决定成败》中所说的："芸芸众生能做大事的实在太少，多数人的多数情况总还只能做一些具体的、琐碎的、单调的事。也许过于平淡，也许鸡毛蒜皮，但这就是工作，是生活，是成就大事不可缺少的基础。"随着经济的发展，专业化程度越来越高，社会分工越来越细，也要求人们做事认真精细，否则会影响整个社会体系的正常运转。

无数前人的经验教训已经让那些初出茅庐的男孩们明白细节的重要性，但实际上，他们还是无法做到细节上的完善，这是为什么呢？原因很简单，他们在工作和做事的过程中，用心的同时并没有动脑，要知道，细节之所以为细节，是需要我们用敏锐的触角去观察继而排除问题的。

西点军官奥马尔·纳尔逊·布莱德雷就是这样一个具备敏锐观察力的军事奇才。

1924 年，布莱德雷被任命为数学系的副教授。在数学科目之外，他广泛涉猎和研究了大量的军事史著作和军事人物传记，对美国南北战争时期的威廉·谢尔曼将军的才能和军事思想最感兴趣。美国陆军在第一次世界大战中使用战壕争夺战术，很多人将这一战术视为永久不变的经典。布莱德雷却认为，拥有“运动战大师”美誉的谢尔曼将军的战术思想更符合未来的形势。他坚信在未来战争中，运用大部队迅速穿插敌方腹部才是击败敌人的最佳方式，运动战会成为主宰未来战争的主流战术。此时的布莱德雷已经初步具备了敏锐的军事观察力和潜在的军事天赋。

1924 年 9 月，布莱德雷获准进入本宁堡步兵学校深造一年，着重学习“运动战”战术中陆军武器的使用。事实上，这一战术为后来他在莱茵河之战和诺曼底登陆等著名战役中埋下了成功的伏笔。

1950 年 9 月 15 日，麦克阿瑟指挥美军在朝鲜半岛中部西海岸的仁川成功实施了大胆的登陆行动。9 月 22 日，布莱德雷获得晋升，杜鲁门总统亲自将陆军五星上将的徽章戴在他的军肩上。这样，继马歇尔、阿诺德、麦克阿瑟和艾森豪威尔之后，57 岁的布莱德雷成为美军参加过第二次世界大战后的最年轻的一位陆军五星上将。

现实生活中，我们周围也不缺少雄韬伟略的战略家，但缺少精益求精的执行者。现在很多商业领域已经进入了微利时代，大量人力、财力的投入往往只为了赢取几个百分点的利润，而如果我们不能提高警惕，忽视了某个细节问题，就足以使有限的利润化为乌有。

其实，每个男孩都清楚，这是一个细节取胜的年代，个人与集体要想有所成就，都离不开注重细节，细节之中往往潜藏着巨大的机会，但前提是你要善于观察，在细节中便能寻找机遇。所以，男孩们，你要做重视细节的人，处理好工作和生活中的问题，并注重最大限度地利用好能利用的身边资源，在细节中发现新思路，开辟新的领域，充分表现个人的创新意识与创新能力，出色高效地完成学习、工作任务，让自己的发展更上一层楼，取得更大的

成就。

我们再来看看以敏锐的观察力取得成功的一个故事。

日本的清酒与我国江南的黄酒比较类似，都是深受欢迎的普及型大众米酒。但日本的米酒在明治之前是比较浑浊的，这是美中不足之处。很多人想了各种办法，却找不到使酒变清的方法。那时候，有一个名叫善右卫门的小商人，以制作和经营米酒为生。一天，他与仆人发生了口角。仆人怀恨在心，伺机报复。仆人在晚间将炉灰倒入做成的米酒桶内，想让这批米酒变成废品，叫主人吃亏。

第二天早晨，善右卫门到酒厂查看，发现了一个从未出现过的现象，原来浑浊的米酒变得清亮了。再细看一下，桶底有一层炉灰。他敏锐地觉得这炉灰具有过滤浊酒的作用。他立即进行试验、研究。经过无数次的改进之后，他终于找到了使浊酒变清的办法，制成了后来畅销日本的清酒。

似乎善右卫门在一念之间就酿成了清酒。他的成功似乎是灵感乍现的结果，是神灵的格外恩赐。其实不然，这是他平时重视细节的所获。

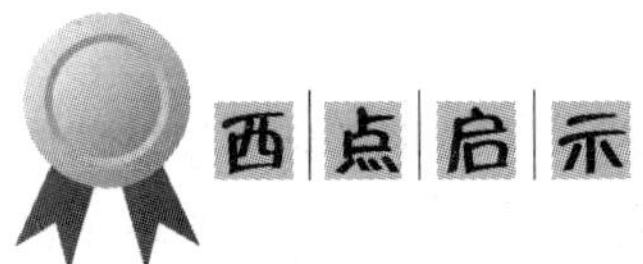

西点启示

平庸和杰出的差距就在一些细节中，一些看似不起眼的细节却往往能够造成巨大的差别。点滴的小事蕴藏着丰富的机遇。但前提是，我们要善于观察，开动脑筋，就能减少细节上的失误，赢得细节上的机遇。

对此，男孩们，你需要这样做。

1. 勤于思考，力求读有所得

不管你做什么事，精力必须高度集中并要有所思考，有所取舍，坚决反对食古不化、僵硬呆板。带着问题，勤于思考，才能发现问题，提出问题并解决问题，从而使得自己的观察力有所提高。

2. 善于比较，找出事物间的区别

观察力说到底，就是对一件事物的留心程度。对你身边的每一个人或者事都要细心地去看，去思考，无论它是多么的常见与平凡，重在区分它们之间的异同点，而不仅仅是观察新的事物。提高观察能力还是要从我们身边的事做起。在看一个事物时，除了仔细地去看之外，还要从多个角度去思考，为什么这个事物是这么回事，它优于其他事物的地方在哪儿。不要忽视任何一件小事，往往小事的背后隐藏着很大的秘密，如果我们不仔细地观察，也许这个秘密就将永远地隐藏了。

★关注的是细节，体现的是态度

要成就一番大事业，要有所作为，要获得硕大的胜利果实，就要从身边的小事做起，把一个个小的胜利果实聚集起来，才能获得更大的成功。

对于生活中的男孩们来说，你的做事作风也展现了细节决定成败，态度决定一切。对待工作中每一件小事的态度也就决定了个人能否成功。

关注细节是一种态度。成功者与失败者之间究竟有多大差别？人与人之间在智力和体力上的差异并不是想象中的那么大。很多小事，你能做，别人也能做，只是关注程度不同，做出来的效果也不一样。所以，往往是对待细节的态度决定着完成的质量。

西点前校长潘莫将军就说过："细枝末节最伤脑筋。"他的意思是说，即使是最聪明的人设计出来的最伟大的计划，执行的时候还是必须从小处着手，整个计划的成败就取决于这些细节。

士兵作战，带兵的军官必须确保士兵的性命不会白白牺牲。布莱德雷将军曾说："第二次世界大战期间，我们抵达莱茵河的时候，我并不见得知道

怎样建造桥梁,但是我知道相关的事情有哪些,我让筑桥的工兵能有足够的时间和补给,这一点是非常有帮助的。"

德怀特·戴维·艾森豪威尔曾经强调"每一个细节背后的伟大力量"。西点人也深信细节的力量,因此他们一再强调必须熟知每一个细节,从背诵一些小诗句、擦亮扣环,到熟知 M16 的构造和使用。

而实际上,生活和工作中想做大事的人有很多,但愿意把小事做细的人却很少。大而化之、马马虎虎的毛病似乎还是很多,社会上的"差不多"先生比比皆是。"大概"、"几乎"、"或许"、"可能"……成了"差不多"先生的常用语。看不到细节,或者不把细节当回事的人,对工作缺乏认真的态度,对事情只能是敷衍了事。这种人无法把工作当作一种乐趣,而只是当作一种不得不受的苦役,因而在工作中缺乏工作热情。他们只能永远做别人分配给他们做的工作,甚至即便这样也不能把事情做好。而考虑到细节、注重细节的人,不仅认真对待工作,将小事做细,而且注重在做事的细节中找到机会,从而使自己走上成功之路。

男孩们,无论你处于什么样的职位,一个有责任心的员工肯定是注重细节的,因此很多大公司在招聘员工的时候,考察的一个重点,也是比较容易被忽视的一点,就是细节。

海尔集团的管理层常说一句话:"要让时针走得准,必须控制好秒针的运行。"这句话同样说明细节管理的重要性。只注重大的方面,而忽视小的环节,放任的最后结果就是"千里之堤,溃于蚁穴"。海尔能够创出世界知名的国际品牌,很大程度上缘于对待细节的态度,细致到工厂的一块玻璃、一棵树木。

美国福特公司名扬天下,不仅使美国汽车产业在世界领先,而且改变了整个美国的国民经济状况。谁又能想到该奇迹的创造者福特当初进入公司的敲门砖竟是捡废纸这个简单的动作?

那时候福特刚从大学毕业,他到一家汽车公司应聘。一同应聘的几个

人学历都比他高，在其他人面试时，福特感到没有希望了。当他敲门走进董事长办公室时，发现门口地上有一张纸，他很自然地弯腰把纸捡了起来。看了看，原来是一张废纸，就顺手把它扔进了垃圾篓。董事长对这一切都看在眼里。福特刚说了一句话：我是来应聘的福特。董事长就发出了邀请："很好，很好，福特先生，你已经被我们录用了。"这个让福特感到惊异的决定实际上源于他那个不经意的动作。从此以后，福特开始了他的辉煌之路，直到把公司改名，让福特汽车闻名全世界。

平安保险公司的一个业务员也有与福特相似的经历。他多次拜访一家公司的总经理，而最终能够签单的原因，仅仅是他在去总经理办公室的路上，随手捡起了地上的一张废纸并扔进了垃圾桶。总经理对他说："我观察了一个上午，看看哪个员工会把废纸捡起来，没有想到是你。"而在这次面见总经理之前，他还被晾了三个多小时，并且有多家同行在竞争这个大客户。

可见，对于细节必须精益求精。细节可以体现一个人的工作、学习态度，行为方式、做人理念，注重细节是一个优秀人才所必备的素质，具备这样素质的人才能创造出出色的业绩。

能否把握细节并予以关注就成了一个人的素质与能力的体现。对于细节给予必要重视的人，必定是有着敬业精神与较强责任心的人；反之，对细节不以为然的人，是不可能在竞争中具有优势的。

那么，男孩们，你该如何端正自己对细节的态度呢？

1. 踏实做好工作中的每一件小事

小事也许是鸡毛蒜皮，也许根本不足挂齿，但小事也是工作，是工作中必不可少的环节，是成就大事不可缺少的基础。从这个意义上说，做好工作

中的小事,其实就是为以后担当重任做准备。事实也是如此,凡是能在职场中脱颖而出的人,其实都是那些踏踏实实地做好小事的人,而那些好高骛远、做事浮躁的人往往一事无成,因为他们不肯踏实做好小事,因而就小事不爱做,大事做不成。

2. 培养高度的时间观念

这是一个细节取胜的年代,也是一个分秒必争的时代,时间尤显重要。一定不要小看迟到、早退与请假,随便迟到早退是不负责任的表现,除了会让上司不满,也是会让别人轻视的。

★"冷眼旁观",理性的视角更细微

生活中,很多人都有这样的习惯和心理,当看到周围的人都在做某件事的时候,他也会立即加入到这一热潮中。这种情况下,能保持独立性的人很少,这也就是日常生活中人们常说的从众心理。而实际上,这种行为不见得正确。从众心理人皆有之,但以被动为前提的从众,势必使你的独特失去价值。一味从众便意味着自己失去了一片晴朗的天空,抛却了一片属于自己的领地。可见,盲目从众也有危害。那么,阅历不深的男孩们该如何避免从众产生的危害呢? 聪明的人会从细节出发,选择冷眼旁观,用理性的视角细微地看待这一热潮,分析利弊,就能得出正确的结论。

在西点军校的训练项目中,有许多都是针对学员对细节的把握和关注来进行的。可以说,对细节的处理反映了一个人的能力与潜质。正是接受了西点军校的特殊训练,才造就了无数胆大心细的将军、军事以及管理奇才。

生活中的男孩们,如果你能认真地反省一下,你会发现确实有很多事情

都是因为你没有做到细致入微的观察而盲目从众，才没有做到位。的确，任何一个岗位，责任管理、质量条例等制度、规章并不少，但认真照章办事、认真履行职责并不是说要你随大潮，“关注细节”也不应是空话、套话，而应是一种素质的体现，需要你冷静地对待任何一件事，理性地找出解决问题的方法。

生活中，很多事情，我们并不能在短时间内判断它的真假。我们看到的、听到的只是表面的现象，无法透过现象看到背后真实的本质。因此，我们要理性地分析、看待问题。

马克·吐温说：“一般人缺乏独立思考的能力，不喜欢通过学习和自省来构建自己的观点，然而却迫不及待地想知道自己的邻居在想什么，接着盲目从众。”一个独立性强、思维清晰、有主见的人是绝不会盲目从众的。

生活中，很多年轻的男孩们或者缺乏对自身的认识，或者对前路很迷茫，或者碍于虚荣，宁愿跟着别人走也不愿意倾听内心的声音，不问自己想要什么，不问别人的选择是否是自己真正需要的，效仿别人，结果给自己带来负担。

俗话说：“细微之处见端倪。”说的就是很多事情都可以从生活细节中看出个究竟，找出个所以然。同样，男孩们，如果你想看出某件事的可行度，也需要从细节入手，多观察，然后进行理性的判断。如果你要想成为一个优秀的基建工作者，没有什么诀窍，也没有什么捷径，除了向别人请教，就是自己多留心，多积累，积累多了，悟性也就高了。

古往今来，成大事者，都不会盲目从众。他会使自己冷静下来，从细微处分析问题，综合各项因素，找出最正确的方法，从而获得成功！

新世纪的男孩们,面对日益激烈的竞争,若能注重培养好的观察细节的习惯,做到眼光独特,并以饱满的热情去完善自我,迎接各方面的竞争与挑战,那么将有助于增加自己的竞争力。

那么,你该如何培养自己理性分析的能力呢?

1. 多问自己,多问别人

工作中要敢于提问,问别人,也问自己。疑问越多,你认识问题就会越全面、越客观,你的思路就会越清晰,你做出的判断就会越准确,你处理问题的方法就会越得当! 这样,你就能养成批判性思维,形成自己的认知结构,从而形成能用自己独特的视角来审视他人、认识问题和解决问题的思路和方法!

2. 认真思考,追求自己所需要的

最好的不一定是适合自己的,别人拥有的不一定是你所需要的。年轻的你不要盲从别人的经验,任何时候,你一定要根据自己的客观情况去做决定。比如,在择业上,很多男孩对热门职位盲目追逐,选择大城市、大企业,而不考虑自己的能力、性格、特长,没有对自己进行认真而综合的分析,对于自己要从事哪种职业、去哪里就业,完全“随大流”。结果很难在工作中找准自己的位置,不利于自己将来的发展。

★细节缔造出完美

有人问洛克菲勒:“成功的秘诀是什么?”他说:“重视每一件小事。我是从一滴焊接剂做起的,对我来说,点滴就是大海。”

而生活中,很多男孩总是懂得并能坚持“天将降大任于斯人也,必先劳其筋骨,饿其体肤”。那么,你做好现在的工作了吗? 你在细节上做到尽善

尽美了吗？事实上，不论什么事，实际上都是由一些细节组成的。只有在细节上做到尽善尽美，做到点滴的积累，才能缔造出完美的结局。我们纵观中外许多企业家的成功之道，他们之所以能有杰出的成就，往往主要是管理层始终把细节的竞争贯彻于整个产品开发的始终。细节的竞争既是成本、工艺、创新的竞争，也是各个环节协调管理的竞争，从另一个层面上说，也就是人才的竞争。这一点也被贯彻到西点军校的教育中。

西点人非常注重细节。一个不注重细节、忽略细节的人，在战场上是不可能有冷静的头脑及过人的分析的，而冲动、鲁莽恰恰是战场上的大忌。

细节训练乍一看来微不足道，但长期坚持下来的作用却是非常巨大的，它能够使学员练就非凡的记忆力和认真关注细节的良好习惯，它能够使学员在繁忙、紧张、急迫、险恶的情况下有意识地、得心应手地应对各种问题。

细节学习也让学员了解，追求完美并不困难，就像擦鞋一样易如反掌。只要你学会了把鞋擦亮，对于更重大的事情，同样可以做到尽善尽美，而不是决定于别人。西点努力训练学员养成追求完美的习惯，使其变成像呼吸一样的本能反应。

托尔斯泰曾说过：一个人的价值不是以数量而是以他的深度来衡量的，成功者的共同特点，就是能做小事情，能够抓住生活中的一些细节。但似乎粗心大意是每个年轻人的通病，细节总是容易被男孩们所忽视，而这也是他们总是在奋斗中跌倒、与机遇无缘的原因之一。

泰山不拒细壤，故能成其高；江海不择细流，故能就其深。我们熟知的海尔集团之所以能成为中国制造业的旗舰，正是因为他们在细节上下足工夫，埋头苦干。海尔总裁张瑞敏先生曾说：把每一件简单的事做好就是不简单，把每一件平凡的事做好就是不平凡。海尔集团“严、细、实、恒”的管理风格，把“细”和“实”提到了重要的层面上，以追求工作零缺陷、高灵敏度为目标，把管理问题控制解决在最短时间、最小范围内，使经济损失降到最低，逐步实现管理的精细化，消除企业管理的所有死角，大大降低了材料的消耗，

使管理做到及时、全面、有效。每一个环节都能透出一丝不苟的严谨，真正做到了环环相扣、疏而不漏。而近些年不少公司大起大落，虽其规章制度不可谓不细、不严、不实，但往往说在口上，定在纸上，订在墙上，就是落实不到行动上。在海尔厂区，工人上下班时全部自觉靠右边走，它全没有潮进潮出的现象。海尔人的素质就在小小的走路这一细节中体现出来了。

真所谓成为细节，败也细节。一心渴望伟大、追求伟大，伟大却了无踪影；甘于平淡，认真做好每件事，伟大却不期而至。这也就是细节的魅力。

安格鲁是一位著名的雕塑家。有一天，安格鲁在他的工作室中向一位参观者解释为什么自这位参观者上次参观以来他一直忙于一个雕塑的创作。他说："我在这个地方润了润色，使那儿变得更加光彩些，使面部表情更柔和了些，使那块肌肉更显得强健有力，然后使嘴唇更富有表情，使全身更显得有力度。"

那位参观者听了不禁说道："但这些都是些细小之处，不太引人注目啊！"

雕塑家回答道："情形也许如此，但你要知道，正是这些细小之处使整个作品趋于完美，而让一件作品完美的细小之处可不是件小事情啊！"

世界上许多伟大的事业都是由点点滴滴的小事汇集而成的。在细节上能够表现好的人，他在成功之路上一定会少许多漏洞。相反，如果一个人不能关注细节问题，往往会因小失大，自毁前程。

小事成就大事，细节成就完美。在小事上认真的人，做大事一定成绩卓越。因为细节最能体现一个人的智慧和美德。完美的细节代表着永不懈怠的处世风格，也是一个人追求成功的资本。

这一启示告诉每个渴望成功的男孩，你必须要做到完善细节。

1. 管理细节，形成追求完美的习惯

任何行动和行为，经过时间的打磨，就会成为一种良好的习惯并形成修养，就会形成一种成功者具备的品质。如果你任凭错误出现不加以纠正的话，错误就可能成为阻碍你成功的最大障碍。如果你能及时纠正，并把纠错当成一种行为习惯来对待的话，成功就会理所当然。

2. 创造性地处理细节

只会模仿，永远没有机会。改变细节就可与众不同。这种改变并不是夸大其词，真正有效的方法是在细节处加以改变。细节创造了一种现实，它能做到与众不同，就会创造成功！

★细腻的观察力体现出智慧

人的成功来自智慧的运用。而智慧的产生又和人对客观事物的观察分不开。达尔文曾经讲过："我既没有突出的理解力，也没有过人的机智，只是在觉察那些很快就要消失的事物，并且对它们仔细观察方面，比一般人强些罢了。"另一位俄国杰出的科学家巴甫洛夫则在自己的实验室门外，工整地刻上了这样的话："观察，观察，再观察。"生活中的男孩们，从现在就开始培养自己的观察力，留心身边的事物，才能有所发现，有所成就。

西点军校在培养学员领导力的时候，观察力的培养是放在核心地位的。西点人认为，领导力不仅仅是判断力和决策力，它的核心是观察力，观察能力是决断能力和判断能力的基础。每个人都想成功，都在努力地寻找难得的机遇。然而我们在将自己的计划付诸实施的过程中，又存在粗心大意的习惯，认为没有必要花费精力去对待那些细枝末节的小问题。但是，正是由

于我们粗心大意，我们失去了许多原本属于自己的机会，给自己的事业和人生造成了意想不到的损失。

某家电制造有限公司有一台机器出了故障。技术科的工作人员检查后发现，原来一个配套的螺丝掉了，怎么也找不到了，于是只好重新购买。根据公司内部规定，必须先由技术工作人员填写采购申请，然后由上级审批，之后再经过采购部部长审批，才能由采购员去采购。

可是，问题又出现了。市内好几家五金商店都没有那种螺丝，采购员又跑了几家较大规模的商店也没有买到。几天过去了，采购员还在寻找那种螺丝。可是工厂却因为机器不能运转而停产。于是，公司的其他管理者不得不介入此事，认真听取事故的前因后果，并且想方设法寻找修复的办法。

在这种情况之下，技术科才拿出机器生产商的电话号码。于是采购员就打电话问哪里有那种螺丝。对方告诉他他们那个城市就有生产商的分公司，去那里看看，那里一定有。

半个小时后，那家分公司就派人送来了螺丝。可是这家公司的机器已经停转一个星期，公司损失了上百万元。

事后，采购部长说："从技术科提交采购申请，再经过各级审批，到最后采购员采购，这一切都没有错误，都符合公司的要求。可是造成这么大的损失，问题出在哪里呢？竟然是因为技术科的工作人员没有写上机器生产商的联系方式，而其他各部门也没有人问。"

的确，有时候，很多失误是完全可以避免的，只要我们能从细微处观察漏洞，并及时查漏补缺。敏锐的观察力会带来意想不到的效果。而要提高观察力，没有别的办法，只有持之以恒地不断观察。有的男孩做事情"三分钟热度"，来得快、去得快，还有的人喜欢三天打鱼两天晒网。这是无法做到提高观察力的。

40 位心理学家正在开会。忽然，一个人冲进会场，另一个手持短枪的黑

人紧追而入，两个人当场搏斗起来。一声枪响之后，两个人又一道跑了出去。这个紧张的场面仅仅持续了20秒钟。接着，会议主持人要求在场的心理学家们立即就这次刚刚经历的惊险写下目睹记录。在40篇记录中，居然有36人没有察觉到那个黑人是光头！心理学家的观察力一般都是比较强、比较准确的。但是，这一次为什么有这么多人在观察时失之偏颇呢？

这是因为，心理学家们事先没有思想准备，事件发生得非常突然，他们都没有明确的观察目标，也没有任何观察计划，所以对“黑人是光头”这一重要事实“视而不见”。

这一事实说明，要进行有效的观察，就要明确观察的目的，制订相应的计划。人们常说，“内行看门道，外行看热闹”。这也从侧面表明观察的效果与是否有观察计划有直接的联系。

男孩们，可能你有粗心大意的毛病。粗心大意的根源在于你对一些事情抱着敷衍的态度，持一种侥幸的心理，没有把事情放在心上。你或许会认为，现实中有多少人能够把事情做得那么十全十美，做事的时候能做个大概、差不多就可以了。但正是由于这种马虎的态度，使原本能够做好的事情，就差那么一点点而前功尽弃。

西点启示

没有观察，就没有正确的思考，就没有新事物的发现，也就没有了智慧与成功。要获得智慧，首先应该做的事情是：打开观察力的宝库。

那么，具体来说，男孩们，你该如何提高自己的观察力呢？

1. 要有目的地观察

要针对你想了解的方面，通过有效的倾听和提问，从对方口中或神态中找到对你有意义的信息。

2. 多锻炼发现问题的本领

你可以给自己设置一些小游戏，养成对周围事物的敏感度。与正常的不一样的东西都要留意，从中总结和摸索。通过一些数字游戏也可以锻炼自己的观察能力。

3. 感官的东西最直接，但有时候会有偏差

比如与客户交谈中，并不知道他所说的是不是真心想的，很多时候都是在敷衍或者隐藏。没有人在开始就会表现得很真诚，这时候就要有更强的观察力。

4. 观察力是个很复杂的过程，而非技能

经验和经历对于观察力有着很大的影响。你经历过的事情，你就很容易知道事情的发展规律，如果没有经历过，难免有顾忌和紧张。随着阅历的增加和信息的增长，会有更多观察人和事的办法。

★保持敏锐，你会第一个赢得先机

人们常说机遇难求，因此不懈努力、千方百计地去寻找机遇、创造机遇，希望借助良好的机遇为自己铺路架桥，以便顺利而迅速地实现自己的人生目标。然而，大多数人都犯这样一个错误：只关注那些表面的、醒目的、未来的东西，对自己身边的一些潜在的、隐蔽的、细微的东西却置若罔闻，无动于衷。机遇就在眼前，却视而不见；成功近在咫尺，却如隔天涯。

年轻的男孩们，你要明白，机遇往往就隐藏在细微处。注重这些细微的地方，就能够抓住机遇，与成功握手。如果对一些小事不以为然，可能会将近在咫尺的机遇赶跑，后悔莫及，人生和事业会从此走进困境。

大量事实证明：绝大多数年轻西点学员毫无疑问是胜任工作的。每年

春天，西点仅有一千多名学员毕业，每人都被授予学士学位，并作为中尉在陆军中服役。他们被派往亚洲、欧洲和非洲等地，担当起第一份军官职务。而在西点军校，关注细节是被作为培养领导的一个重要方面来进行的。西点人认为，细节是一种创造，细节是一种修养，细节是一种艺术，细节更是一种实力和领导功力的体现。细节里隐藏着机会，细节中凝结着效率。

的确，人生漫漫，机遇常有，但决定我们命运的不是我们的机遇，而是我们对机遇的敏感性。机遇悄然而降，稍纵即逝。因此，你若稍不留心，它就将翩然而去，不管你怎样地扼腕叹息，它却从此杳无音讯，一去不复返。因此，有些人认为，一些人之所以不能成功，并不是因为没有机遇，并不是幸运之神从不照顾他们，而是因为他们太大意了，他们的大意使他们的眼睛混浊而呆板，因而机遇一次次地从他们眼前溜走而自己却浑然不觉。

因此，对于这些人来说，他们要想取得成功，要想捕捉到成功的机遇就必须擦亮自己的双眼，使自己的双眼不要蒙上任何灰尘。这样，他们才能够在机遇到来的时候伸出自己的双手，从而捕捉到成功的机遇。而那些之所以能够取得成功的人并不是幸运之神偏爱他们，幸运之神对谁都一视同仁。

每个男孩，你在行为上的一言一行，工作上的一举一动，都会事关大局，既隐含着问题，也潜藏着机遇。情况往往就是这样，由于我们麻痹大意，不注重细节，在细节上犯了不应有的错误，从而使即将到来的机遇在突然之间“蒸发”，了无踪影，从而与机遇失之交臂，与成功无缘。

当然我们的生活中并不缺少因为注重细节，善于观察，获得成功机遇的故事。

1961 年 4 月 12 日，苏联宇航员加加林乘坐 4.75 吨重的“东方 1 号”宇宙飞船进入太空遨游了 89 分钟，成为世界上第一位进入太空的宇航员。他为什么能够从二十多名宇航员中脱颖而出？

原来，在确定人选前一个星期，宇宙飞船的主设计师罗廖夫发现，在进入飞船前，只有加加林一个人脱下鞋子，只穿袜子进入座舱。就是这个细小

的举动一下子赢得了罗廖夫的好感,他感到这个27岁的青年既懂规矩,又如此珍爱他为之倾注心血的飞船,于是决定让加加林执行人类首次太空飞行的神圣使命。加加林通过一个不经意的细节,表现了他珍爱他人劳动成果的修养和素质,也使他成为遨游太空的第一人。

可见,人生无处不机遇。只要你能够留心身边每一个细节,也许只是一个无意间听来的小信息,也会带给你无限的惊喜。

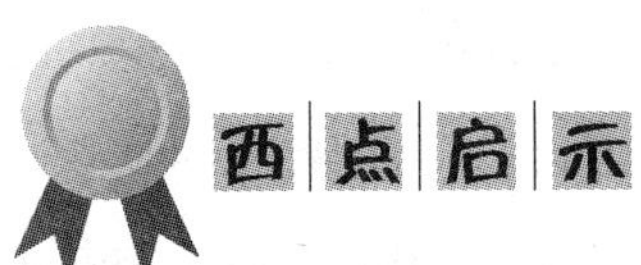

西点启示

成功的人之所以能每每抓住成功的机遇,完全是由于他们在生活中处处都很留心,他们具有一双捕捉机遇的慧眼,当机遇来临的时候,他们就能迅速作出反应,从而把机遇牢牢地抓在自己的手中。

而要成功捕捉机遇,需要每个男孩做到以下两点。

1. 从细节入手,处处留意

捕捉机遇一定要处处留心,独具慧眼。其实只要你仔细留心身边的每一件小事,这每一件小事当中都可能蕴藏着机会。成功的人绝不会放过每一件小事,他们对什么事情都极其敏感,能够从许多平凡的生活事件中发现很多成功的机遇。

2. 勤奋出机遇

每个人心里都清楚,机遇并不是一朵开在花园里的鲜花,你伸手就能将它采摘,它是一朵开在冰天雪地、悬崖峭壁上的雪莲,只有那些不畏艰险,勇于攀登高峰的人才能闻得它的芳香,才能将它拥有。

所以说,生活细节确实与个人的发展密不可分,它本身就潜藏着很好的机会,只是很多时候都被忽略与遗忘而已。一旦你能敏锐地发现别人没有注意到的空白领域或薄弱环节,找准机会,以小事为突破口,让细节闪耀

出光芒，那么，你的工作绩效就有可能得到质的飞跃，关键就看你如何把握了。

★在细节中发现真知

人们常说，机遇总是垂青于那些有准备的人。诚然，不懈地奋斗是成功的必备要素，但真正成大事者并不是盲目奋斗，他们的成功更多是因为能发现事物中某个偶然的能改变现状的细节，从而抓住这一细节找准了努力的方向。牛顿坐在树下，被树上的苹果砸到了头，才发现了万有引力定律；袁隆平也是在田间发现了杂交水稻的优势。可能很多年轻的男孩们会说；"即使我整天坐在果园里，也常常被飞来的果子砸到头，为什么我就没发现这一伟大的定律？我也从小穿梭于农田间，可我怎么就没有发现一株自然杂交的水稻？"的确如此，这就是你、我、他这些普通人和科学家牛顿、袁隆平的区别。

很明显，这些科学家都具备一个特质，那就是善于发现，善于思考，在细节中发现真知。的确，很多时候，那些成功者之所以能成功，就是因为他们能独具慧眼，关注细节，在细节中找出了成功之道。

西点课程的根本，不只是策略或目标，还是一套价值观念的哲学和跟弟兄们一起站在战场上的实践体验。在西点的领导力培训上，教官们都会讲这样一个榜样的故事。

西点学子非常敬仰的美国第 26 任总统西奥多·罗斯福，凡是须经他签名的信函，他总要亲笔更动几个字后才发信。起初秘书认为自己撰写得不够好，后来秘书发现他是每封信都改。有一天秘书实在忍不住，问总统是否对所有信都不满意。罗斯福摇头说："我为了怕收信人误认为信函全由秘书

代写代打，我只不过签个名而已，所以我一定要用笔更动一两个字。这样一来，每封信都增加了‘人情味’，不再那么冷冰冰了。”

所以，男孩们，培养自己在细节上的关注，也是培养领导力的重要方面。从现在起，不要因为没有什么惊天动地的事情让自己做而沮丧，积极地对待你所遇到的每一件小事，或许以后的成功就是因它们而来。

有一次，日本索尼公司名誉董事长井琛大到理发店去理发。他一边理发一边看电视，但由于他躺在理发椅上，所以他看到的电视图像只能是反的。就在这时，他突然灵机一动，心想：“如果能制造出反画面的电视机，那么即使躺着也能从镜子里看到正常画面的电视节目。”有了这些想法，他回到索尼公司之后就组织力量研制和生产了反画面的电视机，并把自己研制出来的电视机投放到市场上去销售。果然这种电视机受到了理发店、医院等许多特殊用户的普遍欢迎，因而取得了成功。

这则事例给我们的启示就是仔细观察往往会有大发现，只要你能够处处留心，那么就有很多的机会在向你招手。的确，处处留心皆机遇，要做生活当中的有心人是因为机会往往来得都很突然或者很偶然。因此，只有留心、用心的人才有可能在机会来临的一瞬间捕捉到它。

世界上第一个防火警铃就是在一次实验中偶然发明的。第一个防火警铃的发明者杜妥·波尔索当时正在试验一个控制静电的电子仪器，忽然他注意到他身边的一个技师所抽的香烟把仪器的马表弄坏了。开始时，杜妥·波尔索的第一反应是非常懊恼，因为马表坏了必须中止实验，重新再装上一个马表。但他很快地就想到，马表对香烟的反应可能是一个非常有价值的信息。这个只是一瞬间发生的看似很不起眼的偶然事件，就促使杜妥·波尔索发明了第一个防火报警警铃，在防火领域做出了突破性的贡献。

不仅仅像防火报警警铃的发明来自生活中很偶然的事件，其实，世界上有很多的发明创造都是来自这种生活中突发的偶然事件。正是有人从偶然中发现了可以利用的价值，而为我们人类拨开了一团又一团蒙在科学上的

迷雾，使我们得以看见许许多多的光明。

细节出真知，做到细节上的完善，也就是一种优势。美国绝大部分企业家会知道一些十分精确的数字：比如全国平均每人每天吃几个汉堡包、几个鸡蛋。之所以要了解得这么清楚，是因为他们想确保细节上有多方面的优势，不给竞争者有可乘之机，哪怕是一些细枝末节的漏洞。

西点启示

细节是平凡的、具体的、零散的，如一句话、一个动作、一个画面……细节很小，容易被人们所忽视，但细节中却蕴藏着无限的力量，只要我们善于观察，善于发现，就能找出人们未曾发现的“新大陆”。

那么，男孩们，你该如何做到从细节中发现真知呢？

1. 善于从现象引发思考

这就需要你勤于观察，勤于思考，多问自己为什么会有这样的现象、有没有更好的解决办法等。

2. 发挥想象力，主动推断事物的发展方向

弦动别曲，叶落知秋。有经验的人大多能观天气而知风雨，有智慧的人也大多理解察微知著。有智慧的人不会消极地期待事情的自然成果。他们能够见机而行，根据事物细微的变化，推断事情的发展趋势，及时掌控事情的发展方向与进程，趋吉避凶，使人生之船顺利航行。

参考文献

[1] 陈志斌. 西点军校制胜法则[M]. 北京:中国纺织出版社,2010.

[2] 宿春礼,熊永鑫,性格决定命运全集[M]. 哈尔滨:黑龙江科学技术出版社,2007.

[3] 吴维库. 阳光心态[M]. 北京:机械工业出版社,2006.